秋田景子的
百变花样拼布包

〔日〕秋田景子 著

罗 蓓 译

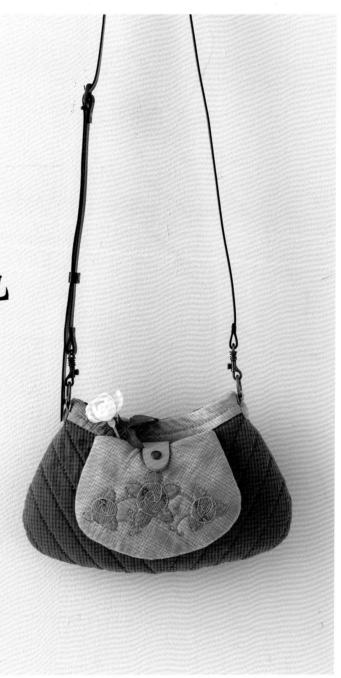

河南科学技术出版社

· 郑州 ·

Flowering plant

Prologue

前言

小时候，从学校回来，在祖母的房间里看布头是件无比开心的事情。祖母正在缝制和服，抽屉里装着非常漂亮的布片，缝纫工具箱里装着古琴的拨子盒和用厚纸片做好的纸型。我现在还记得摆弄它们玩的情景。一直到现在，祖母的缝纫工具箱仍然是我的宝贝。

在我的作品中，花草图案比较多。我的工作室周围有很多树木，到处都能发现小花小草们生命的光辉。我把它们融入作品当中，兴奋地缝着，完成了一个又一个的包包。与漂亮的布块相遇，在同伴的帮助下，一点一点拼缝出美好的时光，就这样一路走来，也成就着自己。从今往后，我也会满怀温柔，手拿针线，愉快地继续缝下去，期待遇见更多的笑容。

秋田景子

目录

🌸 基本款有底包

🌸 不加侧布的扁包

🌸 口袋独特的包

12 p.16 / p.38

玫瑰花朵单肩包

13 p.17 / p.62

风中薰衣草单肩包

14 p.18 / p.64

唯美轮廓绣双口袋包

15 p.19 / p.66

黑白拼布手拎包

16 p.20 / p.68

经典波士顿包

🌸 外出用包

17 p.22 / p.70

叶子图案斜挎包

18 p.23 / p.61

钻石拼接包

19 p.24 / p.72

绽放的紫罗兰双肩包

20 p.26 / p.74

向日葵手拎包

21 p.28 / p.76

玫瑰图案斜挎包

22 p.30 / p.44

铁线莲小包

23 p.30 / p.75

花形长款小包

24 p.31 / p.78

大波斯菊单肩背包

基本款
有底包

这种包型的包口大，便于取放东西，
比较适合平常使用。
侧布和包底较宽，能装很多东西。

1 野蔷薇有底包

这款包包把大片布像疯狂拼布那样拼接
起来。在口袋处贴缝了可爱的野蔷薇。
提手较宽，可以舒服地挂在手腕上。

制作方法：p.50

2

橄榄图案迷你包

这款包虽然小，但是侧布较宽，所以可以装饭盒，外出时使用起来也比较方便。在包包上贴缝了橄榄，在橄榄的周围进行了轮廓绣，使它有了立体感。

制作方法 : p.49

3 叶子图案有底包

这款包使用了条纹布，将裁成大块的六边形随意摆放并拼接在一起。贴缝的叶子进行了动感的设计，色彩搭配沉稳，从中也能感受到轻快。

制作方法：p.54

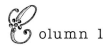 olumn 1

布料配色和花纹选取的技巧

从大家那里经常听到"配色较难"。我的配色
技巧是,与布的材料没有关系,颜色的色调
要搭配好。
如果使用印花布,就把这块布中的某一种颜
色放在旁边搭配看看是否适合。比如搭配和
叶子同色调的绿色布。即使是绿色,也有较
亮的和较暗的绿色,只要摆放后色调适合、
和谐,配色就不会失败。

底布 　　　　　　　　　　　贴缝布

① 配色的技巧

"铁线莲小包"(p.30)底布使用了奶油色的布。
这块布上有粉色的线条图案。贴缝布使用了与
这个粉色同色调的布。

② 花和叶子图案选取的技巧

贴缝的花,首先选择与底布的颜色适合的色
调。然后,调整颜色的深浅,使花瓣有立体感。
开放着的花朵,受着太阳的照射,下雨的话
还会带着水滴。不仅仅用素布,还可以混合
着用印花布,这样就可以表现出那种自然的
景象。贴缝的叶子也一样,加入格子图案或
者颜色渐变的布,会增加立体感,使画面更丰
富。

③ 使用条纹布时,图案选取的技巧

条纹布会随着布片摆放方法不同而产生变化,
因而制作条纹布的作品非常有趣。比如说"叶
子图案有底包"(p.8),把六边形随意摆放,
条纹线就有了动感。

4

带侧口袋的大包

在米色系的底布上，灵动地贴缝了圆形和叶子形的布片。两个侧口袋较深，功能性较强。

制作方法：p.52

5 樱花图案手拿小包

压线的线迹像风吹过的痕迹，风吹着樱花，这种感觉让人印象深刻。袋口是包边之后再缝拉链，所以比较简单。安拉链的方法请参照 p.47。

制作方法：p.55

6 叶子小包

在随意拼接的底布上绣上了叶脉，是一款很别致的小包。优点是袋口较大，容易拿取东西。

制作方法：p.56

不加侧布的
扁包

这款包没有加侧布，组合方法也简单，
所以建议第一个包就做它。
作为手拎包，拿上它在近处走走，非常方便。

7

波点图案贴布包

包身长，设计简约，这款包也适合穿
和服时使用。贴缝了圆形和曲线形的
布片，给人时尚优雅的印象。

制作方法：p.57

8

黑色正装包

使用了各种黑色的布，把八角形的图案
有规则地进行摆放，给人沉稳的感觉。
该包也可在正式场合搭配正装。

制作方法 :p.58

9

玫瑰图案亚麻手拎包

这款包在亚麻布上配上了斜裁的格子布，一束贴缝的玫瑰就凸显出来了。可以折叠变小，也适合当手拎包。

制作方法：p.59

在简洁的大包上配一条长的包包挂坠，非常漂亮。雏菊的做法是把布条簇到一起，缝成花的形状。四叶草是用卷针缝把四片叶子缝在一起。做一两个挂坠放在包上很可爱。

制作方法 :p.60

10
雏菊大包挂坠

11
四叶草大包挂坠

口袋独特的包

如何让包包的容量增大？
增加口袋可以收纳零碎的物品，使用起来较方便。

12

玫瑰花朵单肩包

这款包贴缝了较大的玫瑰花朵，非常浪漫。
花瓣和底布的粉色进行了色调的搭配，非常
协调。在两侧缝上了口袋。

制作方法: p.38 Lesson 1

这款包的亮点是把菱形布片拼接在一起，绣上了薰衣草，压缝的线迹有风吹过的感觉，看起来很舒服。正面有较大的口袋，收纳能力超强。

制作方法：p.62

13

风中薰衣草单肩包

14

唯美轮廓绣双口袋包

这款包有较大的口袋，上面用轮廓绣绣了
花朵图案，较简洁。袋口稍微做了褶皱处理，
使包形呈现圆弧形。

制作方法：p.64

15

黑白拼布手拎包

用简单的四边形布块做拼接，添加刺绣
后，有了优雅的感觉。口袋大小合适，可
以放手机，方便好用。

制作方法 : p.66

16

经典波士顿包

为短期旅行使用而制作的包。包盖进行了细致的拼接，为了使拼接的包盖突出，主体设计得比较简单。两侧有口袋。

制作方法：p.68

olumn 2

我擅长的口袋设计

做包包最重要的就是使用起来方便。我喜欢在包上设计口袋，因为它可以使包内的物品有条不紊，还可以起到装饰作用，所以我的包带口袋的较多。在这里，我介绍一下我拿手的口袋设计。

风中薰衣草单肩包

按照薰衣草的曲线刺绣，袋口也设计成曲线形，给人柔软的印象。大口袋收纳能力超强。

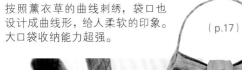

玫瑰花朵单肩包

两侧口袋的压线痕迹有花的感觉，从正面看，口袋也起到了装饰作用，非常可爱。

唯美轮廓绣双口袋包

底布用了有对比感的水玉图案布，较简洁，口袋设计了2个，装饰感强。

黑白拼布手拎包

这款包，我想把拼接和刺绣部分都凸显出来，所以把口袋尽可能地简单化了。

经典波士顿包

旅行的时候，为了让重要的车票不丢失，把包盖部分设计成有拉链的口袋。即使不打开包，也可以从这里取东西，非常方便。侧边的口袋可以装手机，大小合适，使用方便。

外出用包

〰🌾🌾〰

这款包适合在买东西、旅行、逛街时用。
出门时，想背上让身体轻松、解放双手的包包。
这里展示了斜挎、双肩背、单肩背等
各种样式的包包。

17

叶子图案斜挎包

这款包的口袋上安了拉链，很实用。贴
缝的叶子由 2 片叶子重叠完成，看起来
有立体感。

制作方法：p.70

18

钻石拼接包

这款包的包口较大，拿东西方便，有较宽的侧布，所以收纳能力强。拼接的布块像钻石，立体感强，然而中央部分刺绣的小花，则给人柔和的感觉。

制作方法：p.61

19

绽放的紫罗兰双肩包

这款双肩包的亮点是紫罗兰，它开在
原野，非常可爱。包底做了打褶处理，
看上去圆滚滚的。后侧有口袋，侧面
有拉链，为了方便使用，设计时下了不
少功夫。

制作方法：p.72

这是双肩包的后侧。可以放经常使用的手帕等物品，非常方便。

这是打开包盖的样子。拉开主体侧边的拉链也可以把包中的东西取出来。

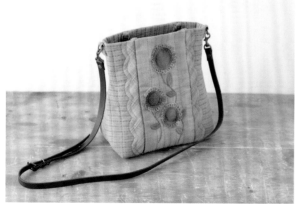

20 向日葵手拎包

这款包色彩清新，适合夏季使用。花瓣
使用了渐变色的线，用了摩尔提斯刺绣，
产生了立体感。如果安上长包带，也可以
当成斜挎包。

制作方法 :p.74

使用了段染的灯芯线，用摩尔提斯刺绣绣了花瓣，使人感觉到向日葵的活力。
贴缝的叶子周围绣了轮廓绣，叶子便有了立体感。

摩尔提斯刺绣的要点

1 为了使花瓣的大小均匀，先画外侧的线迹。

2 按照画好的线迹刺绣，花瓣的排列就比较整齐漂亮了。

摩尔提斯刺绣的绣法

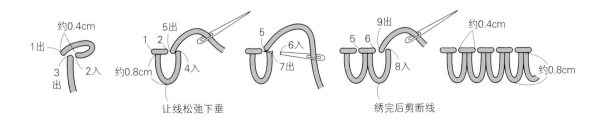

21

玫瑰图案斜挎包

这是一款非常小巧的包，上面贴缝了玫瑰，非常可爱。在贴缝好的圆形布上只添加了刺绣，很简单就完成了玫瑰的制作。

制作方法：p.76

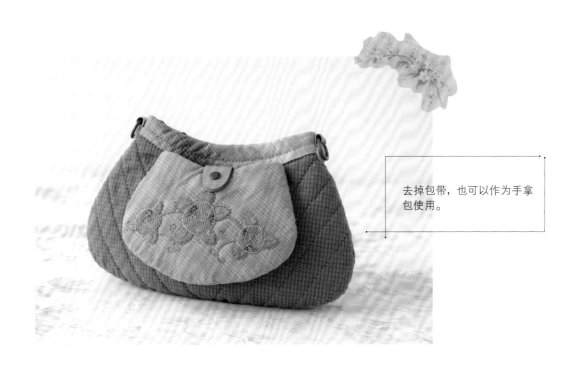

去掉包带，也可以作为手拿包使用。

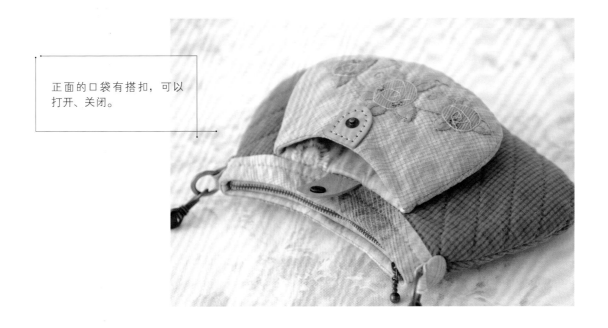

正面的口袋有搭扣，可以打开、关闭。

22 铁线莲小包

这款包的配色柔和，每天都可以使用。安拉链的方法，可以作为上课的要点来教。

制作方法：p.44 Lesson 2

23

花形长款小包

这款包给人印象深刻的是大胆地贴缝了花。主体折过来直接缝合就成了口袋，所以制作起来也比较简单。

制作方法：p.75

这款小包可以装发票、护照，尺寸刚刚好，非常方便。

24

大波斯菊单肩背包

这款包的正面有个大口袋，收纳能力强，使用起来也方便。大波斯菊的茎和叶用刺绣来完成，营造出可爱的气氛。

制作方法：p.78

$\mathcal{W}$elcome

被布和绿色环绕的工作室

"BUPI 俱乐部" 的外观

位于青森县五所原市的教室兼拼布商店
"BUPI 俱乐部" 是我的工作室。
在被大自然环绕的环境中，做包包的创意就自然地产生了。

在店铺内的入口，我总是坚持用一些可爱的题材来
装饰。

招牌犬小普，
总是精神饱满地迎
接客人。

我喜欢做包包，不仅因为它可以每天使用，能被人们看见，还因为它做起来不费事，作为礼物送人也很受欢迎。迄今为止，我已经做了很多包包，数也数不清了。远远地望着布，我脑子里浮现的是：怎样使这块布"活"起来。首先想到的是，它要实用，使用起来方便。可能的话，在喜欢的地方缝个口袋，根据用途安上拉链，把袋口闭合好，或者不用拉链而把包包做成方便收纳的款式。比如 p.24 的 "绽放的紫罗兰双肩包"，虽然有包盖，但是为了从主体的侧面也可以拿东西而安上了拉链，在方便使用上下了功夫。

我的包包在组合方法上非常有特色。侧布、主体等各部分是分别制作的，然后把各部分用卷针缝缝合，完成外形的组合。然后，再用藏针缝把里布部分缝到一起。这种组合方法对于稍微复杂的包形可能有些冒险。表布和里布缝了 2 次，包包非常结实。

本店的拼布工具已经可以邮购，对每位购买了东西的顾客，我会写上 "请把它漂亮地做出来吧"。这句话是从我第一本书《秋田景子的雅致手作》中挑选出来，用来表达我的心意的。这本书中包含了我 "希望您能享受到做包的快乐" 这样的心愿。

在一面墙上装饰着包包、壁饰。随着季节变换，店
内的陈设也会有变化。

出版的第一本书
《秋田景子的雅致手作》

工作室在 3 层的阁楼上。打开窗户，风吹过来，非常舒服，
所以春秋天我在这里做针线活的时间较长。

把本来装苹果的筐子用来存布头。
看着布头，就又开始思考做新的
作品。

桌子上的工具。除了工作室，在家里的厨房、客
厅等地方我也会放缝制用的工具箱。一边做
饭一边缝制，巧妙地把空余时间利用起来。

为了便于看到花纹，把布摆在架
子上进行收纳。

这是我喜欢的缝制工具箱。缝布片
时，为了一次能缝较长的距离，我
使用的是长针。我把剪刀分成剪纸
的、剪线的、剪布片的、裁布的 4
种，分开使用。

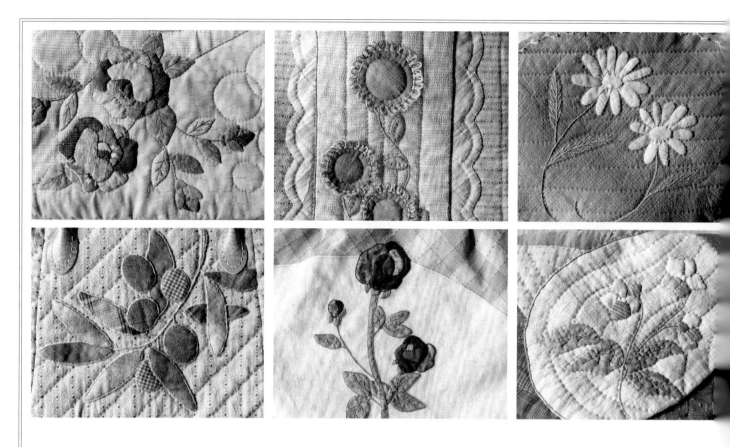

在包包上，我经常使用花草图案。而且，在配色上非常用心，使包包不管搭配什么颜色的衣服看起来都适合，而且非常简洁。花用贴缝来完成，再加上各种各样的刺绣，植物的细微之处和立体感都有很好的表达。

大自然是灵感的源泉

刚开始接触拼布的时候，觉得住在都市里的人们周围有很多灵感来源，能够接触到好的东西，令人羡慕。但是，现在一点也不这样想了。那是因为青森自然资源丰富，让我认识到了大自然真正的魅力。各种颜色的花竞相开放，相得益彰。春天，有的植物不发芽，让人觉得它不行了；结果到了夏天，花开了，而且开得很繁盛。看着这些意想不到的自然界的变化，感受着它们蓬勃的生命力，我的心就非常满足。熟悉的季节来临，我又有了新的发现，这次就把新发现的花作为图案，做件拼布作品吧。就是这样，大自然成为我灵感的源泉。

这是院子的入口。我每天都对不同花草的样子充满了期待。

工作室里的院子，是我亲自拉土，从无到有建成的。照片是8月末拍的，秋天的花已经开始开放。

青森白天和夜晚的温差较大，花的颜色也不可思议，看起来比较浓郁。我的作品也被评价为"花的颜色好浓呀"，也许就是从这里来的。

Flowering plant

叶子的形状也千姿百态。叶子的叶脉等造型非常有趣，成为我压线的参考。

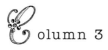

olumn 3

提手的挑选方法

提手是在把包的主体做好后进行挑选的。
因为在主体组合完成之前，不知道提手是否适合主体。
类似挑选鞋子来搭配衣服。
提手变了，对包包的形象也会有很大的改变。
不会挑选提手的人，请一定参考这篇文章。

提手的形状、宽度和长度要根据包包的用途来决定。比如要装很多东西的大包，如果用窄的提手，会给肩膀增加负担，所以要选择较宽的提手。主体简洁的包包，搭配加工好的或者麻花提手等有个性的提手比较好。提手的颜色选择茶色给人柔和的感觉，选择黑色则给人紧凑硬朗的感觉。安提手时，放在包的主体上多试几次，想好放在哪个位置上包包更引人注目，然后再安装。

大包要配上较宽的提手。

主体简洁的包，配上有个性的提手比较好。

袋口窄的包，如果配上粗提手会给人沉重的印象，所以要选细的提手。

斜挎包选较粗的包带，背在肩上时负担轻，比较稳定。

选较细的包带，给人纤细的感觉。这款包想做成柔和的感觉，所以配上了茶色包带。

想突出主体上的贴缝图案时，把提手稍微向两侧安装，图案就醒目了。

根据包包的设计，想配上宽为 5cm 以上的提手时，就用布做提手。比如右侧的包包，疯狂拼布的布片比较大，宽的提手就非常适合。用布做成的提手柔软，背在肩上或者挎在手腕上感觉都很舒服。

准备做拼布的工具吧

必备的工具

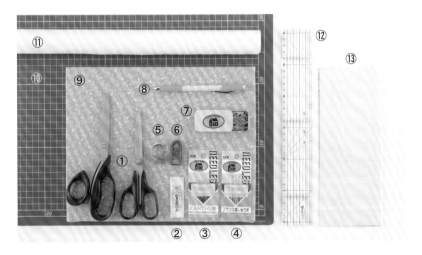

①剪刀
　裁布用、剪小布片用、剪线用、剪纸用，根据用途分开使用，可延长剪刀的寿命。

②长针
　缝合小布片时使用的针。一次就可以缝较长距离的布。

③压线针
　压线时使用的针。针较短，并且较软。

④刺绣针
　刺绣时使用的针。

⑤带托顶针
　戴在中指上，把托套在手掌一侧使用。用托顶着长针的针头进行缝合。

⑥皮革顶针
　压线的时候套在手指上，保护手指。套在中指上，顶着针头进行缝合。

⑦珠针
　固定布料时使用。

⑧记号笔
　在布上画记号的笔。

⑨拼布垫板
　可以用来熨烫，还可以把布放在有磨砂的那一面，画记号非常方便。这是拼布专用的垫板。

⑩切割板
　描图时，把它垫在下面使用。

⑪冷冻纸
　用熨斗熨烫后可以粘在布上的纸。在贴缝时使用。

⑫缝份尺
　可以在量长度、标记号、画压线线迹时使用。

⑬复写纸
　转印图案时使用。

使制作更方便的工具

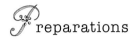

顶针贴
　顶针贴在压线的时候使用。针扎不透，是非常结实的贴纸顶针。可以反复使用，所以非常方便。

1 把顶针贴贴在接针的那只手的食指上。包住指甲粘贴，还可以保护指甲。

2 用贴上顶针贴的手指接住压线针，进行压线。

使用的线

①压线用线
　比较光滑、硬挺的线，适合压线时使用。

②贴缝和拼布用线
　贴缝和拼布时，要根据布的颜色来挑选线的颜色，这样做出的作品就会很漂亮。

玫瑰花朵单肩包

课程的要点：贴缝叶子时把角漂亮地缝出来的方法，以及把包的各部分进行缝合的方法。包的缝合方法是制作所有作品的基础。

p.16　实物大纸型 B 面

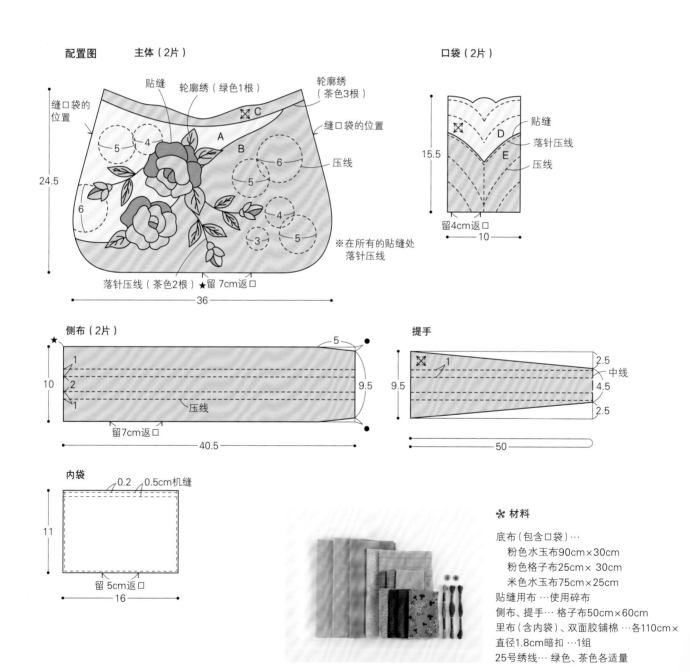

38

① 制作侧布和提手

1

侧布
中线
提手

准备侧布和提手的纸型。

2

在布的背面放上纸型，沿着纸型画线。

3
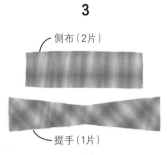

侧布（2片）
提手（1片）

留0.7cm的缝份，裁2片侧布和1片提手。

4
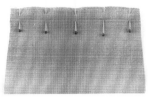

把侧布和提手正面相对，用珠针固定。用珠针固定时，先在两端各固定1根针，再在中点固定1根针，最后在两端和中点的中间各固定1根针。

5

开始缝时，在记号外侧1针的地方开始入针，然后用回针缝缝1针。

6
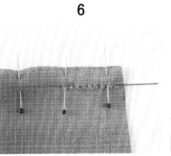

缝到第2根珠针固定处。

7
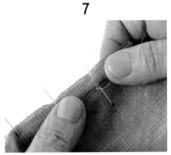

回针缝缝1针，再继续往前缝。

要点：
适当地在珠针固定的位置进行回针缝，这样即使去掉珠针也不会有布片发生错位，可以缝得更结实。

8
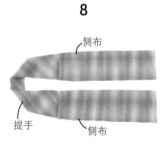

侧布
提手
侧布

止缝点也要回针缝缝1针。提手的另一侧也要缝上侧布。把侧布和提手缝在一起。缝份倒向提手侧。

9
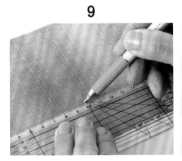

参照配置图，在布的正面画上压线线迹。

10
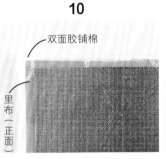

双面胶铺棉
里布（正面）

里布也像表布一样进行连接。按照先放双面胶铺棉，再放里布（正面），最后放表布（背面）的顺序叠放好。

11

叠放时，如图所示对齐表布和里布的接缝，不要发生错位。

12
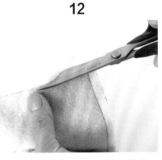

留返口，缝合四周。剪掉缝线外侧的双面胶铺棉。

13

从返口翻到正面。用藏针缝缝合返口。

14

用熨斗进行熨烫。把表布和里布分别进行熨烫，使它们与双面胶铺棉粘贴在一起。

熨烫的要点

熨斗要从中央向外侧进行熨烫。如果用力拉扯，布容易歪斜；如果熨烫时间不够，热量传递不到位，胶容易脱落。要把熨斗放在布上，用熨斗自身的重量压住，慢慢地进行熨烫，就可以熨烫得很漂亮。

15

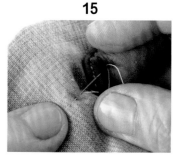

沿着压线线迹进行压线，在开始和结束的时候，都要回针缝缝1针。

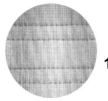

16

压线工作完成了。

17

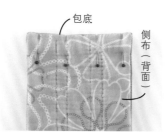

把2片侧布正面相对，用珠针固定。

18

用卷针缝缝合包底的表布。如果从端口开始缝，线因为受力容易断，所以要在另一侧离端口0.7cm处开始缝。

19

缝到端口，把线拉紧。

20

改变包底的方向，继续用卷针缝缝合表布。针脚如果太密，线就容易看到，所以针脚大约0.2cm较为适宜。结束时，要返回去再用卷针缝缝大约0.7cm。

21

用卷针缝缝好包底表布的样子。

22

用藏针缝缝合包底的里布。

23

用藏针缝缝好的样子，从里布看不到表布的针脚，非常漂亮。

② 制作主体

1

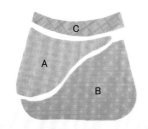

留 0.7cm 缝份，准备 A、B、C 布。

2

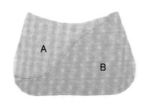

折叠 A 的缝份，把 A 沿着完成线叠放在 B 上，用立针缝缝好。

3

在切割板上依次叠放表布（正面）、复写纸、图纸、透明玻璃纸。叠放玻璃纸，是为了描图时图纸不被划破。

4

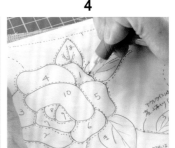

用红色圆珠笔描图，和图纸上原来的颜色不同。这样就能知道哪些图案描过了。

5

图案描好了。

6

在冷冻纸带胶的一面描出贴缝的图案。

7

沿着图案外轮廓线剪开，在各部分标上编号。

带胶面　　　　　背面

写编号的要点

写编号时，带胶面用黑色笔写，背面用红色笔写。这样在熨烫粘贴时，就容易区分哪面是带胶面。写好编号后，把各部分裁开。

8

贴缝用布的背面与冷冻纸的带胶面相对贴合，用熨斗熨烫好。留 0.3cm 缝份，剪下要贴缝的各部分布块。

9

贴缝要从叠放在最下面的布块开始，按照编号顺序来缝。缝份用针尖折向内侧，一边折一边用立针缝进行缝合。

10

缝到离叶子尖端 0.7cm 处时，停下来，把角的缝份折好。

11

把出来的缝份用针尖折好，然后用立针缝缝合。

12

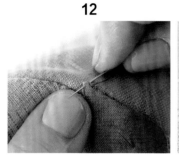

如果在叶子顶端缝一针，就会看到缝线，做出来就不好看。所以要跳过叶子顶端，继续立针缝。

13

贴缝完成后，把针尖插入冷冻纸的带胶面和叶子之间，用针把胶剥离开。

14

从空隙处把冷冻纸取出来。如果从空隙处取不出来，在布的背面用剪刀剪口，从剪口处取出。(参照p.45的步骤8)

15

用立针缝缝合其余各部分，贴缝好花和叶子。用轮廓绣绣叶脉和茎。

16

折叠C的缝份，沿着完成线叠放在A、B上，用立针缝缝合。

17

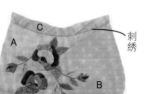

在C和A、B的连接处用轮廓绣进行刺绣。表布做好了。参照配置图，画压线线迹。

18

按照双面胶铺棉、里布（正面）、表布（背面）的顺序进行叠放，留返口缝合四周。

19

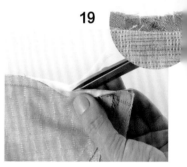

沿缝线外侧把双面胶铺棉剪掉。为了便于翻到正面，在拐角部分的缝份上要剪牙口。

20

从返口翻回到正面，用藏针缝缝合返口。

21

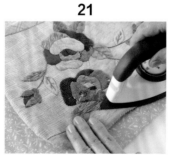

用高温预热好的熨斗，对正面、背面分别进行熨烫，使双面胶铺棉粘贴好。

22

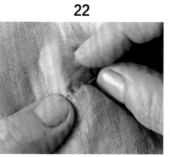

沿着画好的压线线迹进行压线。圆形的压线，一次大约缝2针比较好。

23

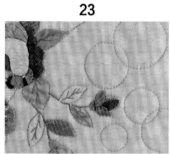

压线完成后，主体就做好了。用同样的方法做另一片主体。

③ 制作口袋

1

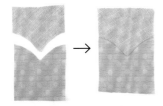

留 0.7cm 缝份，裁下 2 片制作口袋的布。缝合，完成表布的制作。画上压线线迹。

2

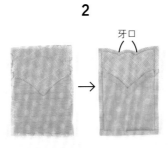

牙口

按照双面胶铺棉、里布（正面）、表布（背面）的顺序叠放，留返口，缝合四周。在拐角弧度大的地方剪牙口，从返口翻回到正面。

3

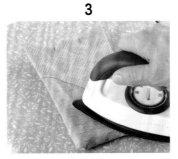

用藏针缝缝合返口。用高温预热好的熨斗，对正面和背面分别进行熨烫，使双面胶铺棉粘贴好。

4

沿着画好的压线线迹进行压线。口袋做好了。用同样的方法制作另一片口袋。

④ 组装

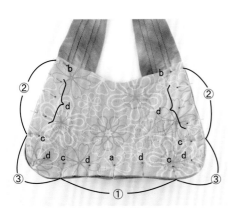

1

把主体和侧布正面相对，用珠针固定。

珠针固定的要点

首先，把主体和侧布的接口对齐，用珠针固定a。然后，把主体和提手的位置对好，固定b。在拐弯的两侧固定c，然后在它们的中点固定d。这样就能固定得很牢，不会发生错位。

2

参照p.40的步骤18~23，表布用卷针缝，里布用藏针缝进行缝合。

缝合时的要点

用卷针缝缝合时，为了不发生错位，先缝①的底边，然后缝②③，最后缝拐弯处。

3

把主体和侧布缝好了。

4

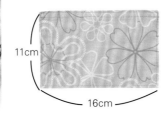

把口袋和主体的合印对齐，决定好底边的位置。用珠针固定，口袋的表布用立针缝缝在侧布上。缝的时候，先缝底边，再缝两侧，这样就不会发生错位。

5

11cm
16cm

把 2 片内袋布正面相对，留返口缝合四周。翻回到正面，机缝缝合返口和袋口。

6

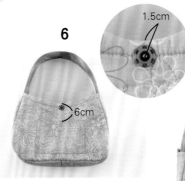

1.5cm

6cm

把口袋用立针缝缝在里布上，缝上暗扣。

完成

Lesson **2**

铁线莲小包

这个小包的包口是在压线完成后再缝拉链，所以拉链的缝制比较简单。
组装方法与 Lesson1 的包包相同。

p.30　实物大纸型 D 面

配置图　　主体（2片）

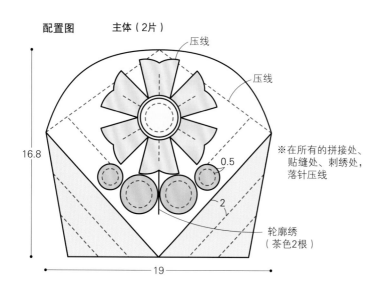

压线

压线

16.8

0.5

2

※在所有的拼接处、
贴缝处、刺绣处，
落针压线

轮廓绣
（茶色2根）

19

❀ **材料**
拼接、贴缝用布…使用碎布
里布、双面胶铺棉…各40cm×25cm
包边布（斜裁）…4cm×60cm
25cm拉链…1根
25号绣线…茶色适量

① 制作表布

1

使用纸型，准备好表布的布片。

2

缝合布片，在起缝、止缝时要回针缝缝1针。缝份倒向位于下方的布。

3

在切割板上依次叠放表布（正面）、复写纸、图纸、透明玻璃纸，沿着图纸描图。
★图案的转印方法参照p.41的步骤3、4。

4

图案描好了。

5

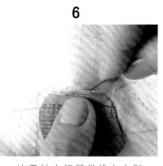

把冷冻纸做成的纸型用熨斗熨在贴缝布的背面。留 0.3cm 缝份，准备要贴缝的各部分。

6

一边用针尖把缝份挑向内侧，一边用立针缝缝合。

贴缝要点

贴上冷冻纸后，形状就完整地出来了，所以在中心位置用 1 根珠针固定就可以了。如果用太多珠针，缝份向内折就不容易操作，容易缝成直线。

7

中心位置的贴缝完成了。

8

在布的背面用剪刀剪口，从背面取出冷冻纸。

9

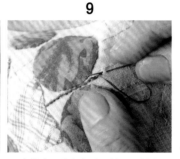

贴缝余下的各部分，然后用轮廓绣绣茎。

10

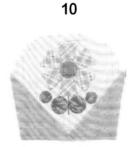

表布做好了。用同样的方法做另一片表布。

11

包底

把 2 片表布正面相对，包底用珠针固定。用珠针固定时，先在中点固定，然后在两端固定，最后在端点和中点的中间各固定 2 根。

用珠针固定的要点

因为缝份重叠导致中点那里较厚，所以固定时要在缝线上端 1mm 处进行固定。缝合时，要在珠针固定处再往上 1mm 处进行缝合，这样，翻到正面时，三角形的角就能完整地呈现出来。

12

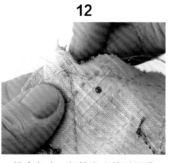

缝合包底，起缝和止缝时要进行回针缝。在离缝份重叠的中点部分 1cm 处要进行半回针缝，这样就非常结实。

13

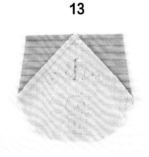

包底缝好了。

14

把表布打开，参照配置图，画压线线迹。

② 进行压线

1

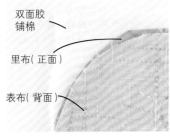

双面胶
铺棉

里布（正面）

表布（背面）

准备里布。按照双面胶铺棉、里布（正面）、表布（背面）的顺序叠放好。

2

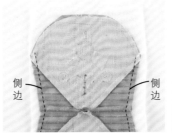

侧边　　　侧边

缝合侧边，在起缝处和止缝处要进行回针缝。

3

剪去多余的双面胶铺棉。在缝线的外侧剪。

4

从袋口翻回到正面。用高温预热好的熨斗进行熨烫，把双面胶铺棉粘贴好。
★熨斗的熨烫方法参照p.40的步骤14。

③ 进行包边

5

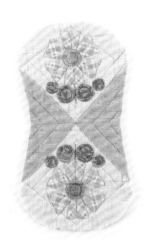

5

在所有的拼接处、贴缝处和刺绣处进行落针压线。沿着压线线迹进行压线。

1

0.9cm　　缝线

4cm　　　28cm

准备2片宽度为4cm的包边布。留0.9cm缝份，只在一侧画上缝线。

2

1cm　　　　　　1cm

在袋口放好包边布，用珠针固定。包边布的两端比袋口向外侧多留1cm。

3

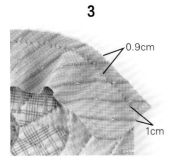

0.9cm

1cm

缝合包边布时，在起缝处和止缝处要进行回针缝。

4

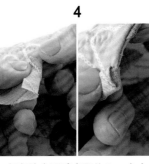

把包边布两端多留的1cm向内侧折叠。沿着长边把包边布向内折2次。

5

用立针缝把包边布缝在里布上。

6

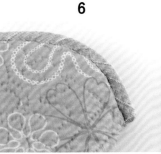

包边完成了。

④ 安拉链

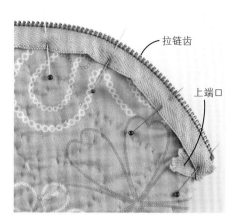

拉链齿

上端口

1

把拉链的上端内折，把拉链齿和袋口对齐，用珠针固定。珠针要与拉链呈垂直方向进行固定。

2

沿着拉链布条上的织纹进行缝合。缝合时，注意不要把线缝到表布上。

3

把上端口折叠好放入拉链内侧，用千鸟绣把拉链的边缘缝合。

4

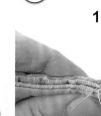

另一侧的拉链也用同样的方法进行缝合。拉链就安好了。

⑤ 组装

1

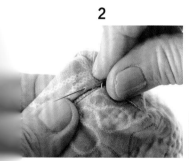

把主体正面相对，用卷针缝把侧边的表布缝好。
★卷针缝的缝法参照p.40的步骤18~21。

2

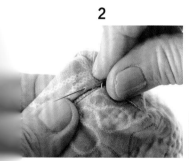

缝合侧边的里布。用藏针缝进行缝合。

3

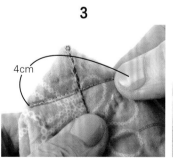

4cm

缝宽为4cm的抓角。

4

把抓角内折，用立针缝缝合。

完成

拼布基础用语

·**合印** 把2片以上的布或者纸型对齐时，为防止错位而画的印记。缝合拐角等情况时必须加合印。

·**贴缝** 在底布上放上剪好的布片，用立针缝缝合的技法。

·**衬布** 进行压线时，铺棉上面放的是表布，下面放的就是衬布。它的作用与里布相同，但是因为压线完成后包包里面要放入内袋或者里布，从表面就看不到它，所以称为"衬布"。

贴缝

·**里布** 在铺棉的内侧使用的布。

·**落针压线** 指在贴缝或者在拼接的接口处所进行的压线。

·**表布** 用拼接或者贴缝完成的、成为作品表面部分的布。

·**回针缝** 向前缝一针，然后返回缝一针的缝法。

·**风车倒向** 一直缝到止缝点，拼接缝合完成后，把重合的缝份向一个方向倒的方法。在缝合六角形等图形时使用。

回针缝

·**压线** 把表布、铺棉、里布三层叠放，疏缝后，把它们缝在一起。

·**铺棉** 在表布和里布中间放入的芯。

·**口布** 在包包或者口袋等的袋口部分所使用的布。

·**藏针缝** 把端口进行缝合时，交替缝合的缝法。

藏针缝

·**疏缝** 在正式缝之前，先用大针脚缝合，为正式缝合做准备。

·**带胶铺棉** 用熨斗可以直接熨烫到布上的铺棉。有单面胶、双面胶。

·**不要缝份** 裁布时，按照标注的尺寸裁，不加缝份。

·**褶子** 把布的一部分折叠后进行缝合，使平面的布呈现出立体感的技法。

·**打褶** 为了做出立体感，把布的一部分折叠后进行缝合。

·**耳布** 在小包或者大包上安的布环。

·**打结、止结** 缝前给线打的疙瘩叫打结，缝完打的疙瘩叫止结。就是在线的端头打结，防止线脱落的方法。

·**正面相对** 缝合2片布时，把2片布的正面放在内侧对齐。

·**缝份** 缝合布片时，必须留的边。

·**包边** 处理边缘的方法。周围用长布条（斜布纹或横布纹）把边缘包住。

·**图谱** 构成表布的图案。

·**半回针缝** 向前缝一针，返回半针距离再缝的缝法。正面的针脚和平针缝是一样的，可使针脚更结实，缝合更牢固。

·**布片** 剪裁后布的最小单位。

·**拼接** 把布片缝到一起。

·**卷针缝** 把布的端口用线像螺旋状卷着缝的缝法。

·**侧布** 为增加包包的空间而添加的部分。

·**贴边** 处理布的端口或者为作品加固而使用的布。

卷针缝

本书制作方法说明

● 图中标注尺寸的单位都为厘米（cm）。

● 制作方法和纸型都不含缝份。在制作方法中没有写"不加缝份"时，裁布的时候在四周要加0.7cm的缝份，贴缝要加0.3~0.5cm的缝份，其余的要加1cm缝份。

● 作品完成的尺寸就是制图上的尺寸，由于缝法、压线等原因，会有尺寸发生变化的情况。

● 压线后，作品多数情况下会缩小。所以压线完成后，再次用纸型画上正确的尺寸，然后进行下面的工作。

● 所用布的尺寸是大致的尺寸。如果想更好地呈现花纹的美，或者想更好地利用手头的布，布的尺寸稍微多准备一点比较好。

● 这本书中的作品使用的是双面胶铺棉。用熨斗把它与表布和里布粘贴在一起以后再进行压线，所以不需要疏缝，完成后形状非常漂亮。使用普通铺棉时，要疏缝后再进行压线。（熨斗的熨烫方法参照p.40）

● 贴缝是从叠放在最下面的部分开始按顺序进行立针缝。开始时标上序号比较容易明白。（贴缝方法参照p.41）

2 橄榄图案迷你包 → p. 7 实物大纸型A面

❈ 材料

底布（包含包底、侧布）、里布（包含衬布）…
绿色先染布110cm×50cm
贴缝用布…使用碎布
双面胶铺棉…110cm×25cm
提手…1组
25号绣线…各色适量

❈ 制作方法

1 在底布上贴缝、刺绣，完成前片表布和后片表布的制作。
2 分别在1、包底、侧布的表布上叠放里布和双面胶铺棉，缝合四周。
3 翻回到正面，进行压线。
4 以包底为中心，与前、后片和侧布进行缝合，完成包形的组装。
5 安提手。

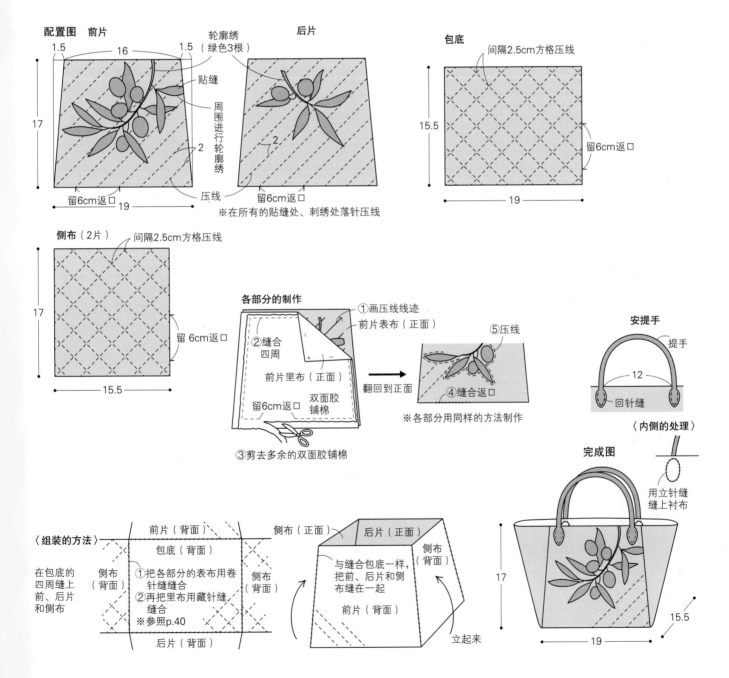

1 野蔷薇有底包 → p.6 实物大纸型A面

❉ 材料

拼接、贴缝用布…使用碎布
包底、侧布…格子布90cm×15cm
提手…格子布40cm×25cm
里布（包含衬布）、双面胶铺棉…各110cm×50cm
25号绣线…各色适量

❉ 制作方法

1 进行拼接、贴缝、刺绣，完成2片主体表布和口袋表布的制作。
2 分别在1、包底、侧布、提手的表布上叠放里布和双面胶铺棉，缝合四周。
3 翻回到正面，进行压线。
4 把主体与包底、侧布缝合。
5 制作提手，缝在主体上。
6 在主体前侧缝上口袋。

配置图

主体（2片）

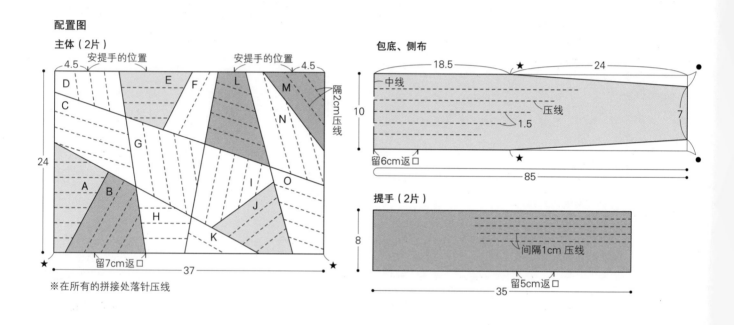

※在所有的拼接处落针压线

包底、侧布

提手（2片）

口袋

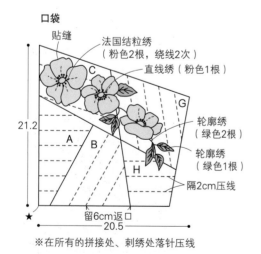

※在所有的拼接处、刺绣处落针压线

〈拼接的方法〉

按图示先缝成块状，再全部拼接到一起。

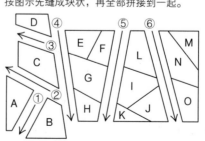

〈缝份的倒向〉

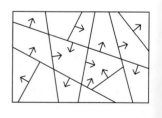

各部分的制作
〈主体〉

①画压线线迹
正面相对
②缝合四周
双面胶铺棉
主体表布（正面）
主体里布（正面）
留7cm返口
③剪去多余的双面胶铺棉

翻回到正面

主体表布（正面）
⑤压线
④缝合返口

把主体和包底、侧布正面相对，缝合

主体（正面）
主体（背面）
侧布（背面）
把合印对齐

①把各部分的表布用卷针缝缝合
②再把里布用藏针缝缝合
※参照p.40

〈包底、侧布〉

正面相对
②缝合四周
双面胶铺棉
留6cm返口
①画压线线迹
侧布表布（正面）
侧布里布（正面）
③剪去多余的双面胶铺棉
④翻回到正面，缝合返口
⑤压线

〈口袋〉

正面相对
袋表布（正面）
①画出压线线迹
②缝合四周
口袋里布（正面）
双面胶铺棉
留6cm返口
③剪去多余的双面胶铺棉

翻回到正面

⑤压线
袋表布（正面）
④缝合返口

〈提手〉

正面相对
提手表布（正面）
①画出压线线迹
②缝合四周
提手里布（正面）
双面胶铺棉
留5cm返口
③剪去多余的双面胶铺棉

翻回到正面

提手表布（正面）
⑤压线
④缝合返口

6 6
提手（正面）中点
⑥把两端对齐，把中间部分立针缝

安提手

12
提手（背面）
1.5 不要缝透表布，进行固定缝合
主体（背面）
3
用立针缝缝上衬布

缝口袋

叠放在主体上，用立针缝密密地缝合
口袋（正面）
主体（正面）

完成图

24
37
10

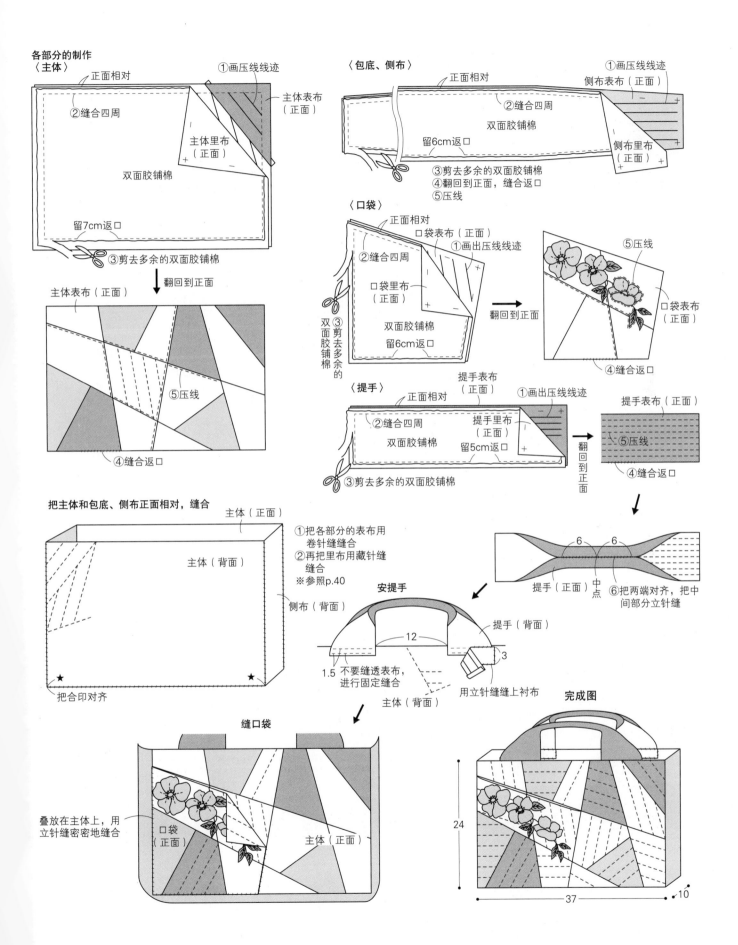

51

4 带侧口袋的大包 → p.10 实物大纸型A面

❀ 材料
拼接、贴缝用布…使用碎布
口袋…25cm×35cm
侧布…格子布100cm×15cm
里布（含衬布）、双面胶铺棉…各110cm×50cm
包边布（斜裁）…4cm×120cm
提手…1组
25号绣线…各色适量

❀ 制作方法
1 拼接、贴缝、刺绣，完成主体表布和口袋表布的制作。
2 把1和侧布表布分别与里布、双面胶铺棉叠放，参照图示进行缝合。
3 翻回到正面，进行压线。
4 把主体和侧布正面相对，进行缝合。
5 给包口包边。
6 给口袋上部进行包边，然后用立针缝缝在侧布上。
7 安提手。

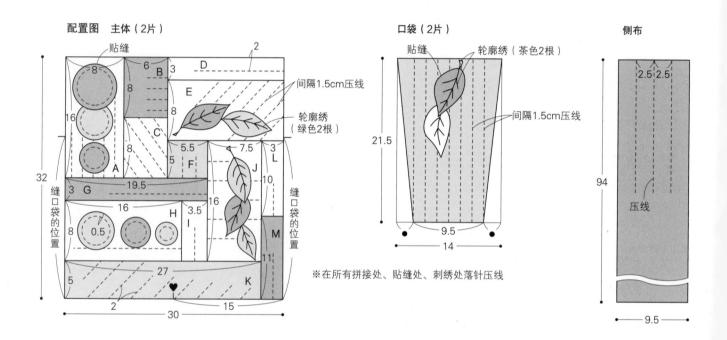

配置图　主体（2片）

贴缝
间隔1.5cm压线
轮廓绣（绿色2根）
缝口袋的位置

口袋（2片）

贴缝　轮廓绣（茶色2根）
间隔1.5cm压线

※在所有拼接处、贴缝处、刺绣处落针压线

侧布

2.5 2.5
94
压线
9.5

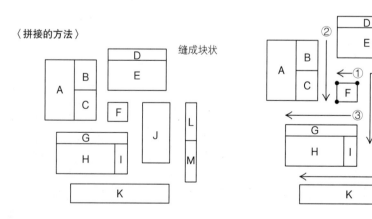

〈拼接的方法〉

缝成块状

• 为止缝点

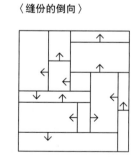

〈缝份的倒向〉

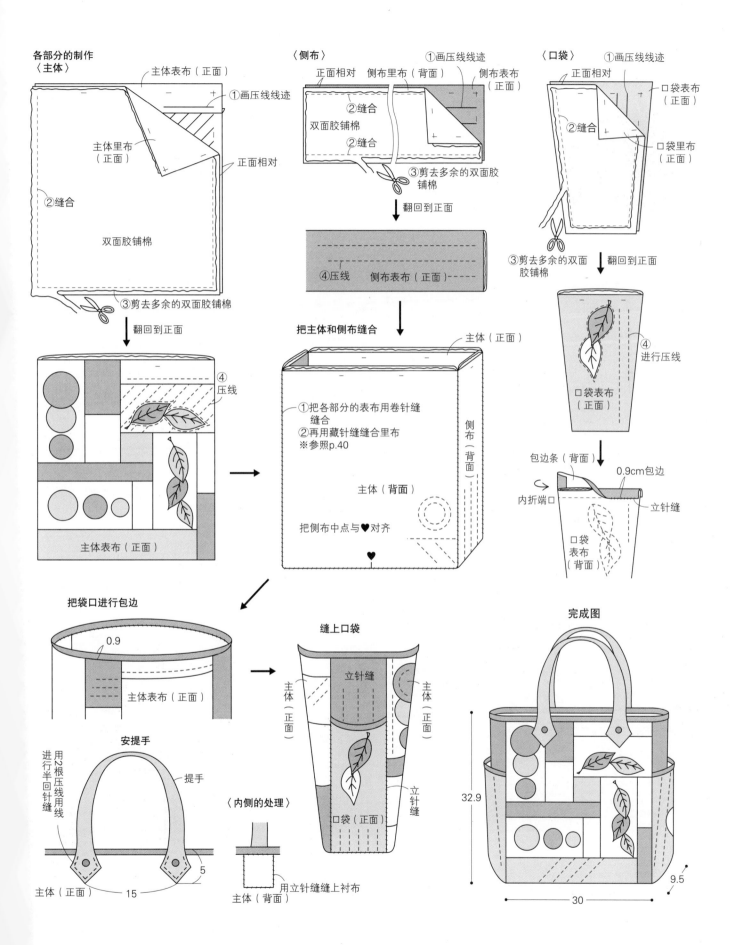

各部分的制作
〈主体〉

主体表布（正面）
①画压线线迹
主体里布（正面）
②缝合
正面相对
双面胶铺棉
③剪去多余的双面胶铺棉
翻回到正面
④压线
主体表布（正面）

〈侧布〉

①画压线线迹
正面相对　侧布里布（背面）　侧布表布（正面）
②缝合
双面胶铺棉
②缝合
③剪去多余的双面胶铺棉
翻回到正面
④压线　侧布表布（正面）

〈口袋〉

①画压线线迹
正面相对　口袋表布（正面）
②缝合
口袋里布（正面）
③剪去多余的双面胶铺棉
翻回到正面
④进行压线
口袋表布（正面）
包边条（背面）
0.9cm包边
内折端口
立针缝
口袋表布（背面）

把主体和侧布缝合

主体（正面）
①把各部分的表布用卷针缝缝合
②再用藏针缝缝合里布
※参照p.40
侧布（背面）
主体（背面）
把侧布中点与♥对齐
♥

把袋口进行包边

0.9
主体表布（正面）

安提手

用2根压线用线进行半回针缝
提手
主体（正面）　15　5

〈内侧的处理〉

主体（背面）
用立针缝缝上衬布

缝上口袋

立针缝
主体（正面）
主体（正面）
立针缝
口袋（正面）

完成图

32.9
9.5
30

3 叶子图案有底包 → p. 8 实物大纸型A面

❀ **材料**

拼接用布…蓝色条纹布110cm×80cm

贴缝用布…使用碎布

侧布…格子布90cm×15cm

里布（含衬布）、双面胶铺棉…各90cm×50cm

提手…1组

25号绣线…各色适量

❀ **制作方法**

1 拼接、贴缝、刺绣，完成主体表布的制作。

2 把**1**和侧布表布分别与里布、双面胶铺棉叠放，缝合四周。

3 翻回到正面，进行压线。

4 把主体和侧布正面相对，进行缝合。

5 安提手。

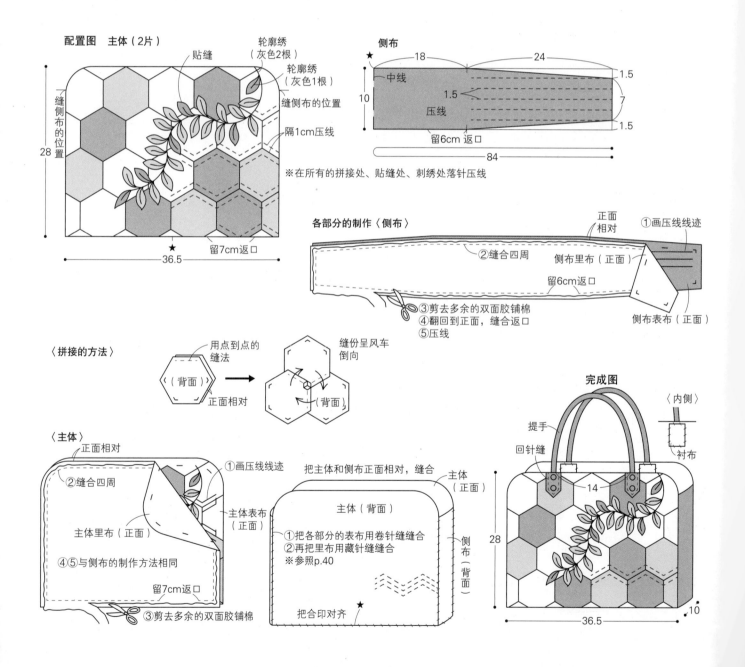

配置图　主体（2片）

贴缝

轮廓绣（灰色2根）

轮廓绣（灰色1根）

缝侧布的位置

隔1cm压线

缝侧布的位置

28

36.5

留7cm返口

※在所有的拼接处、贴缝处、刺绣处落针压线

侧布

★

中线

18　24

10

1.5

压线

1.5

7

1.5

留6cm返口

84

各部分的制作〈侧布〉

正面相对

①画压线线迹

②缝合四周

侧布里布（正面）

留6cm返口

③剪去多余的双面胶铺棉

④翻回到正面，缝合返口

⑤压线

侧布表布（正面）

〈拼接的方法〉

用点到点的缝法

（背面）

正面相对

缝份呈风车倒向

（背面）

〈主体〉

正面相对

①画压线线迹

②缝合四周

主体里布（正面）

④⑤与侧布的制作方法相同

留7cm返口

③剪去多余的双面胶铺棉

主体表布（正面）

把主体和侧布正面相对，缝合

主体（正面）

主体（背面）

①把各部分的表布用卷针缝缝合

②再把里布用藏针缝缝合

※参照p.40

把合印对齐 ★

侧布（背面）

完成图

提手

回针缝

〈内侧〉

衬布

14

28

36.5

10

5　樱花图案手拿小包　→ p. 11　实物大纸型A面

✽ 材料

底布、贴缝用布…使用碎布
包底…格子布25cm×25cm
里布、双面胶铺棉…各50cm×30cm
包边布（斜裁）…4cm×60cm
20cm拉链…1根
25号绣线…各色适量

✽ 制作方法

1　贴缝、刺绣，完成2片主体表布的制作。
2　把1和包底表布分别与里布和双面胶铺棉叠放，参照图示进行缝合。
3　翻回到正面，进行压线。
4　主体的上部包边处理。
5　安拉链。
6　把主体与包底正面相对，缝到止缝点。

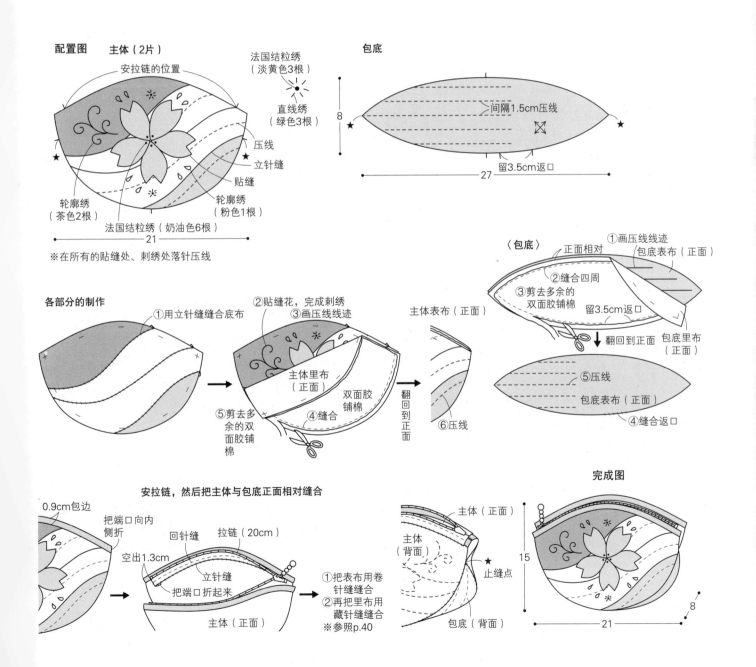

6 叶子小包 → p.11 实物大纸型A面

✤ **材料**

拼接用布（含耳布）…使用碎布
里布、双面胶铺棉…各50cm×20cm
16cm拉链…1根
25号绣线…各色适量

✤ **制作方法**

1 拼接、刺绣，完成前、后片表布的制作。
2 把1分别与里布和双面胶铺棉叠放，缝合四周。
3 翻回到正面，进行压线。
4 把耳布夹在前、后片的中间，固定缝好。
5 给4缝上拉链，然后缝合四周。

配置图

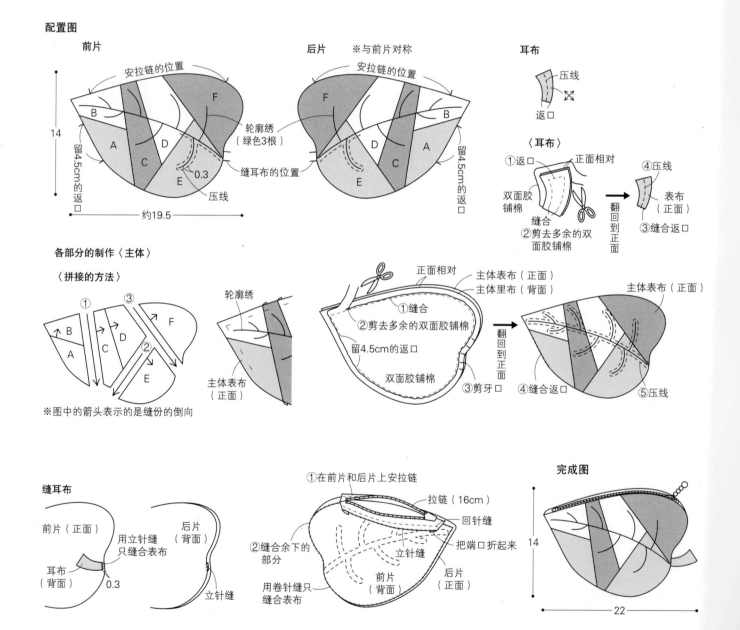

56

7 波点图案贴布包 → p.12 实物大纸型A面

✿ 材料
底布…生成色厚布（包含贴边布、提手衬布）、灰色厚
布各60cm×30cm
贴缝用布…使用碎布
内袋…50cm×30cm
双面胶铺棉…60cm×30cm
衬布…65cm×35cm
提手…1组
25号绣线各色…各色适量

✿ 制作方法
1 贴缝、刺绣，制作2片主体表布，缝合底边。
2 给1叠放双面胶铺棉和衬布，进行压线。
3 把2正面相对对折，缝合两侧。
4 给内袋缝上贴边，然后用缝制主体的方法缝制内袋，缝合时，要留返口。
5 把主体与内袋正面相对，缝合袋口。
6 翻回到正面，缝合返口，安提手。

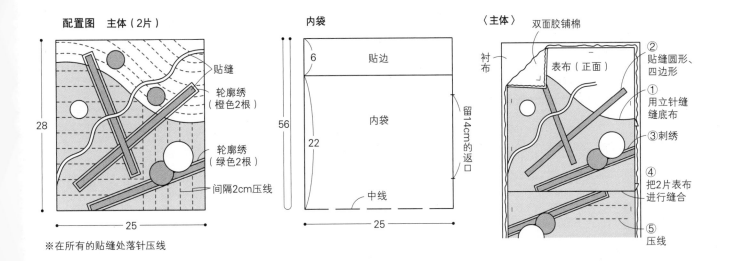

配置图 主体（2片）
- 贴缝
- 轮廓绣（橙色2根）
- 轮廓绣（绿色2根）
- 间隔2cm压线
- 28
- 25
※在所有的贴缝处落针压线

内袋
- 6
- 贴边
- 56
- 22
- 内袋
- 留14cm的返口
- 中线
- 25

〈主体〉
- 双面胶铺棉
- 衬布
- 表布（正面）
- ②贴缝圆形、四边形
- ①用立针缝缝底布
- ③刺绣
- ④把2片表布进行缝合
- ⑤压线

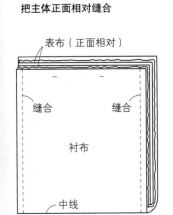

把主体正面相对缝合
- 表布（正面相对）
- 缝合
- 缝合
- 衬布
- 中线
※用同样的方法缝制内袋

把主体和内袋正面相对对齐
- 缝合袋口
- 贴边（背面）
- 留14cm的返口
- 内袋（背面）
- 中线
※翻回到正面，缝合返口

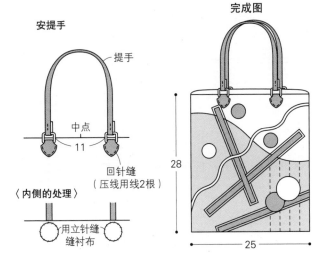

安提手
- 提手
- 中点
- 11
- 回针缝（压线用线2根）
- 〈内侧的处理〉
- 用立针缝缝衬布

完成图
- 28
- 25

8 黑色正装包 → p.13 实物大纸型B面

✿ 材料

拼接用布…使用碎布
里布（包含衬布）、双面胶铺棉…各70cm×40cm
提手…1组
25号绣钱…各色适量

✿ 制作方法

1 拼接，完成前、后片表布的制作。
2 给1分别叠放里布和双面胶铺棉，缝合四周。
3 翻回到正面，进行压线。
4 把前、后片正面相对，缝合。
5 安提手。

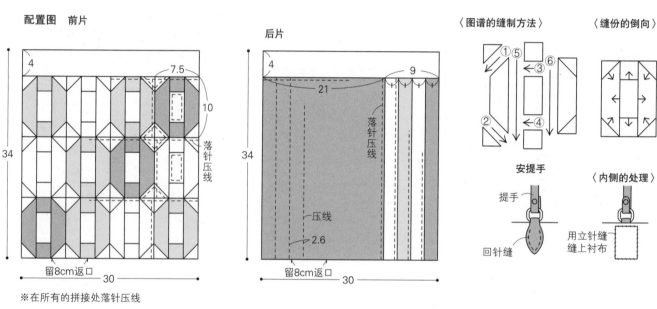

配置图　前片

4
7.5
10
34
落针压线
留8cm返口
30

※在所有的拼接处落针压线

后片

4
9
21
34
落针压线
压线
2.6
留8cm返口
30

〈图谱的缝制方法〉

① ⑤ ③ ⑥
② ④

〈缝份的倒向〉

安提手

提手
回针缝

〈内侧的处理〉

用立针缝
缝上衬布

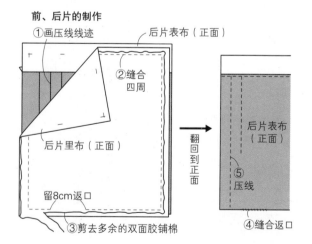

前、后片的制作

①画压线线迹
后片表布（正面）
②缝合四周
后片里布（正面）
留8cm返口
③剪去多余的双面胶铺棉

翻回到正面

后片表布（正面）
⑤压线
④缝合返口

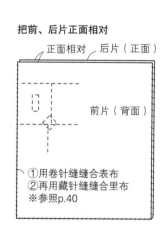

把前、后片正面相对

正面相对　后片（正面）
前片（背面）
①用卷针缝缝合表布
②再用藏针缝缝合里布
※参照p.40

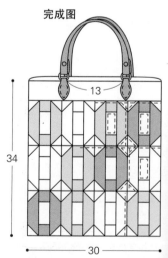

完成图

13
34
30

9 玫瑰图案亚麻手拎包　→ p. 14　实物大纸型B面

❀ 材料

底布…生成色亚麻布（含包带）110cm×40cm、灰色
格子布60cm×60cm
贴缝用布…使用碎布
里布…100cm×40cm
25号绣线…各色适量

❀ 制作方法

1 贴缝、刺绣，完成前、后片表布的制作。制作2根包带。
2 把里布与1正面相对，夹入包带，缝合四周。
3 翻回到正面，缝合返口，打褶后用机缝缝一圈。
4 把前、后片正面相对，从两侧向包底进行卷针缝。

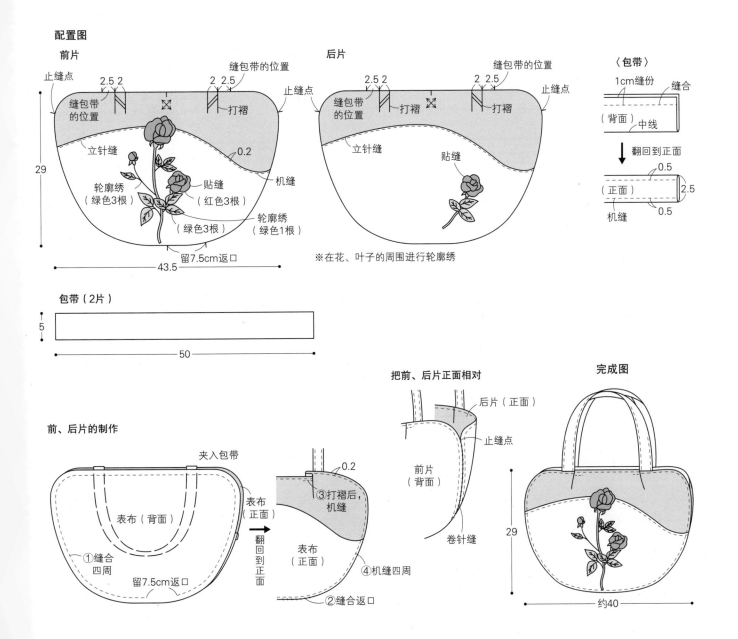

10 雏菊大包挂坠 → p. 15

实物大纸型B面

❀ **材料**

叶子…绿色格子布15cm×25cm
花朵…米色斜裁布条2.5cm×140cm
包扣用布…使用针织物的碎布
双面胶铺棉…5cm×10cm
毛线…140cm
宽0.7cm丝带…44cm
金属包扣坯…直径2.5cm 1个、直径2.1cm 2个
25号绣线…各色适量

❀ **制作方法**

1 在叶子上刺绣，完成表布的制作。
2 给1叠放里布和双面胶铺棉，缝合四周，翻回到正面，进行压线。
3 缝制带子，然后把它缝成花瓣的形状，这样的花要做成大、小各1个。
4 做3个包扣。
5 在大花上叠放小花，在中心缝上包扣，把它们固定住。
6 把丝带对折，缝上叶子、花、包扣。

---

11 四叶草大包挂坠 → p. 15

实物大纸型B面

❀ **材料**

叶子…绿格子布2种各30cm×15cm
双面胶铺棉…30cm×15cm
宽0.7cm的丝带…49cm
25号绣线…各色适量

❀ **制作方法**

1 在叶子上刺绣，完成表布的制作。
2 给1叠放里布和双面胶铺棉，缝合四周，翻回到正面。制作8片。
3 把4片花色相同的叶片对合好，用卷针缝缝合中央部分，做2个四叶草。
4 把丝带对折，缝到四叶草上。

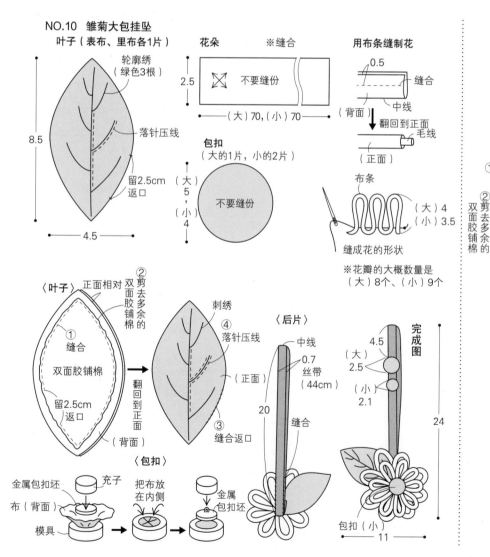

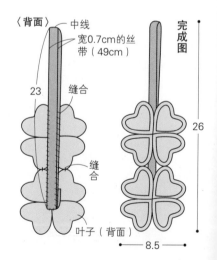

18 钻石拼接包　→ p. 23　实物大纸型C面

❀ 材料

拼接用布…使用碎布
侧布…灰色格子布100cm×15cm
里布（包含衬布）、双面胶铺棉…各110cm×60cm
提手…1组
25号绣线…各色适量

❀ 制作方法

1 拼接、刺绣，制作2片主体表布。
2 把1和侧布表布分别与里布和双面胶铺棉叠放，缝合四周。
3 翻回到正面，进行压线。
4 把主体和侧布正面相对，缝合。
5 安提手。

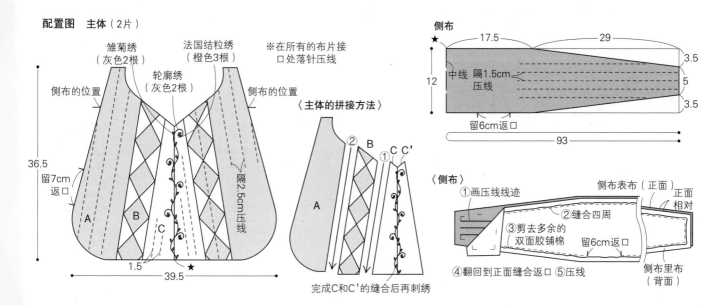

配置图　主体（2片）

雏菊绣（灰色2根）　法国结粒绣（橙色3根）　※在所有的布片接口处落针压线
轮廓绣（灰色2根）
侧布的位置　侧布的位置
36.5
留7cm返口
隔2.5cm压线
A　B　C
1.5
39.5

〈主体的拼接方法〉
②　B　C C'
①
A
完成C和C'的缝合后再刺绣

侧布
★
17.5　29
3.5
12　中线　隔1.5cm压线　5
3.5
留6cm返口
93

〈侧布〉
①画压线线迹
②缝合四周
侧布表布（正面）
正面相对
③剪去多余的双面胶铺棉
留6cm返口
④翻回到正面缝合返口　⑤压线
侧布里布（背面）

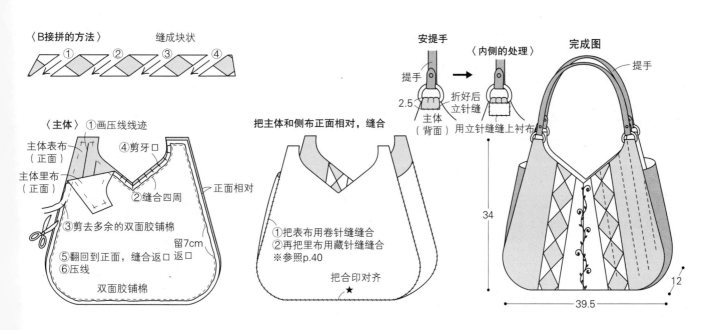

〈B接拼的方法〉　缝成块状
①　②　③　④

〈主体〉①画压线线迹
主体表布（正面）
主体里布（正面）
②缝合四周
③剪去多余的双面胶铺棉
④剪牙口
⑤翻回到正面，缝合返口
⑥压线
留7cm返口
正面相对
双面胶铺棉

把主体和侧布正面相对，缝合
①把表布用卷针缝缝合
②再把里布用藏针缝缝合
※参照p.40
把合印对齐
★

安提手
提手
2.5
主体（背面）
〈内侧的处理〉
折好后立针缝
用立针缝缝上衬布

完成图
提手
34
12
39.5

13 风中薰衣草单肩包 → p.17 实物大纸型B面

❈ 材料

拼接用布…使用碎布
主体、包盖…灰色先染布100cm×35cm
侧布、侧口袋…灰色格子布85cm×30cm
提手…格子布50cm×50cm
里布、双面胶铺棉…各110cm×80cm
包边布（斜裁）…4cm×25cm
直径1.2cm暗扣…1组
25号绣线…各色适量

❈ 制作方法

1 拼接、刺绣，完成前、后片口袋表布的制作。在提手表布和包盖表布上刺绣。
2 在1、主体、侧布、侧口袋表布上分别叠放里布和双面胶铺棉，缝合四周。
3 翻回到正面，进行压线。
4 给侧口袋的上部包边。
5 把主体和侧布正面相对，缝合。
6 缝上前、后片口袋和侧口袋。
7 在侧布上安提手，在主体后片上安上包盖。

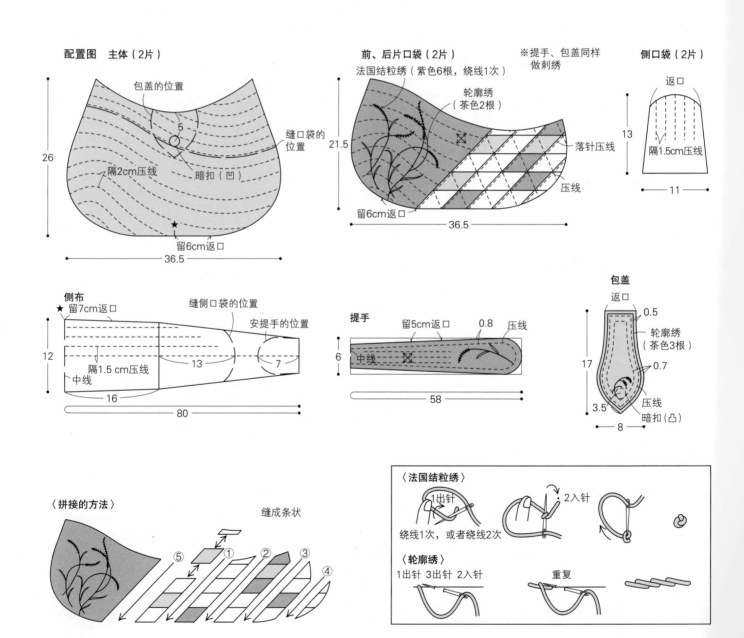

配置图　主体（2片）

包盖的位置
5
缝口袋的位置
26
隔2cm压线
暗扣（凹）
留6cm返口
36.5

前、后片口袋（2片）
法国结粒绣（紫色6根，绕线1次）
轮廓绣（茶色2根）
※提手、包盖同样做刺绣
21.5
留6cm返口
落针压线
压线
36.5

侧口袋（2片）
返口
13
隔1.5cm压线
11

侧布
★留7cm返口
缝侧口袋的位置
安提手的位置
12
隔1.5cm压线
中线
13
7
16
80

提手
留5cm返口
0.8
压线
6
中线
58

包盖
返口
0.5
轮廓绣（茶色3根）
17
0.7
3.5
压线
暗扣（凸）
8

〈拼接的方法〉
缝成条状
⑤ ① ② ③ ④

〈法国结粒绣〉
1出针　2入针
绕线1次，或者绕线2次

〈轮廓绣〉
1出针 3出针 2入针　重复

62

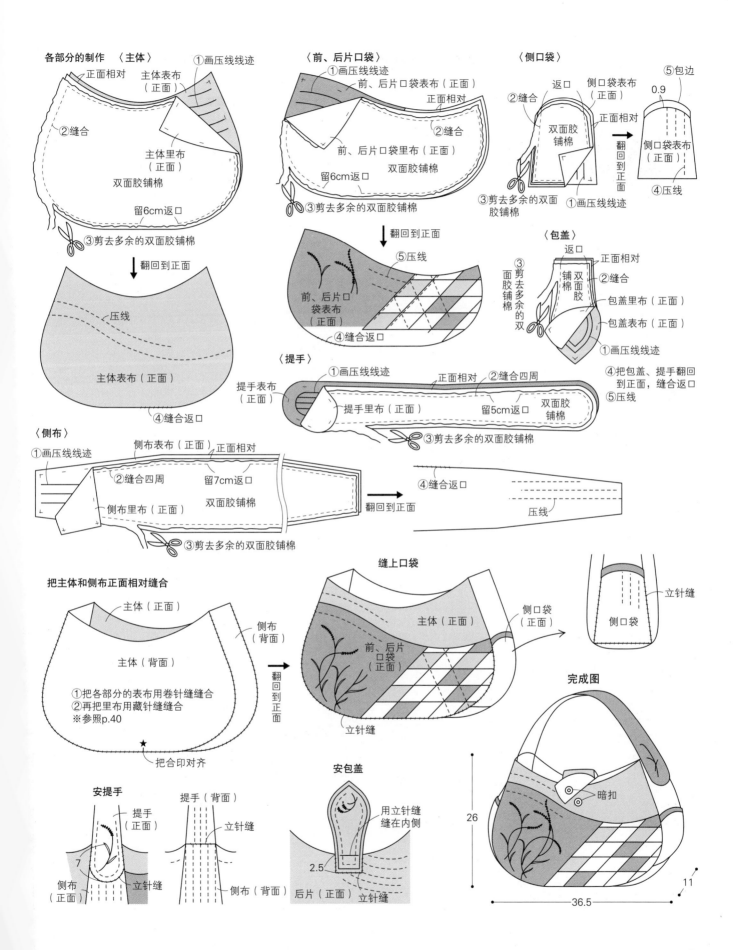

各部分的制作 〈主体〉

①画压线线迹
正面相对
主体表布（正面）
②缝合
主体里布（正面）
双面胶铺棉
留6cm返口
③剪去多余的双面胶铺棉
翻回到正面
压线
主体表布（正面）
④缝合返口

〈侧布〉
①画压线线迹
侧布表布（正面） 正面相对
②缝合四周 留7cm返口
侧布里布（正面） 双面胶铺棉
③剪去多余的双面胶铺棉
④缝合返口 翻回到正面
压线

〈前、后片口袋〉
①画压线线迹
前、后片口袋表布（正面）
正面相对
②缝合
前、后片口袋里布（正面）
双面胶铺棉
留6cm返口
③剪去多余的双面胶铺棉
翻回到正面
⑤压线
前、后片口袋表布（正面）
④缝合返口

〈提手〉
①画压线线迹 正面相对 ②缝合四周
提手表布（正面）
提手里布（正面） 留5cm返口 双面胶铺棉
③剪去多余的双面胶铺棉

把主体和侧布正面相对缝合
主体（正面）
侧布（背面）
主体（背面）
①把各部分的表布用卷针缝缝合
②再把里布用藏针缝缝合
※参照p.40
翻回到正面
把合印对齐

安提手
提手（正面）
7
侧布（正面） 立针缝
提手（背面）
立针缝
侧布（背面）

〈侧口袋〉
②缝合 返口 侧口袋表布（正面）
双面胶铺棉 正面相对
③剪去多余的双面胶铺棉
①画压线线迹
⑤包边
0.9
侧口袋表布（正面）
翻回到正面
④压线

〈包盖〉
③剪去多余的双面胶铺棉 返口 正面相对 ②缝合
铺棉 双面胶
面胶 铺棉
包盖里布（正面）
包盖表布（正面）
①画压线线迹
④把包盖、提手翻回到正面，缝合返口
⑤压线

缝上口袋
主体（正面）
前、后片口袋（正面）
立针缝
侧口袋（正面）
翻回到正面
立针缝
侧口袋

完成图
暗扣
26
36.5
11

安包盖
用立针缝缝在内侧
2.5
后片（正面） 立针缝

14 唯美轮廓绣双口袋包 → p.18 实物大纸型C面

✿ 材料

主体…水玉布100cm×30cm
侧布…灰色90cm×15cm
口袋…蓝色、灰色布各75cm×25cm
里布（含衬布）、双面胶铺棉…各90cm×65cm
包边布（斜裁）…4cm×85cm
提手…1组
25号绣线…各色适量

✿ 制作方法

1 在所有口袋表布上做刺绣。
2 给1、主体表布、侧布表布上分别叠放里布和双
  面胶铺棉，参照图示，进行缝合。
3 翻回到正面，进行压线。
4 给主体袋口打褶后，进行包边。
5 把主体和侧布正面相对，缝合。
6 给主体缝上口袋。
7 安提手。

配置图

主体（2片）

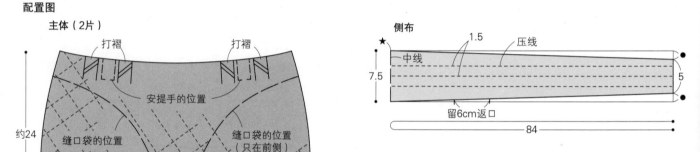

约24

41

打褶　打褶
安提手的位置
缝口袋的位置
缝口袋的位置（只在前侧）
间隔3cm方格压线

侧布

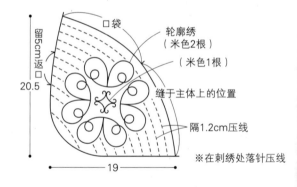

★
中线
7.5
1.5　压线
5
留6cm返口
84

口袋（2片，左右对称）

20.5
留5cm返口
口袋
轮廓绣（米色2根）
（米色1根）
缝于主体上的位置
隔1.2cm压线
19
※在刺绣处落针压线

各部分的制作

〈侧布〉

侧布表布（正面）
①画压线线迹
②缝合四周
留6cm返口
侧布里布（正面）
③剪去多余的双面胶铺棉

翻回到正面

★
④缝合返口　侧布表布（正面）
⑤压线

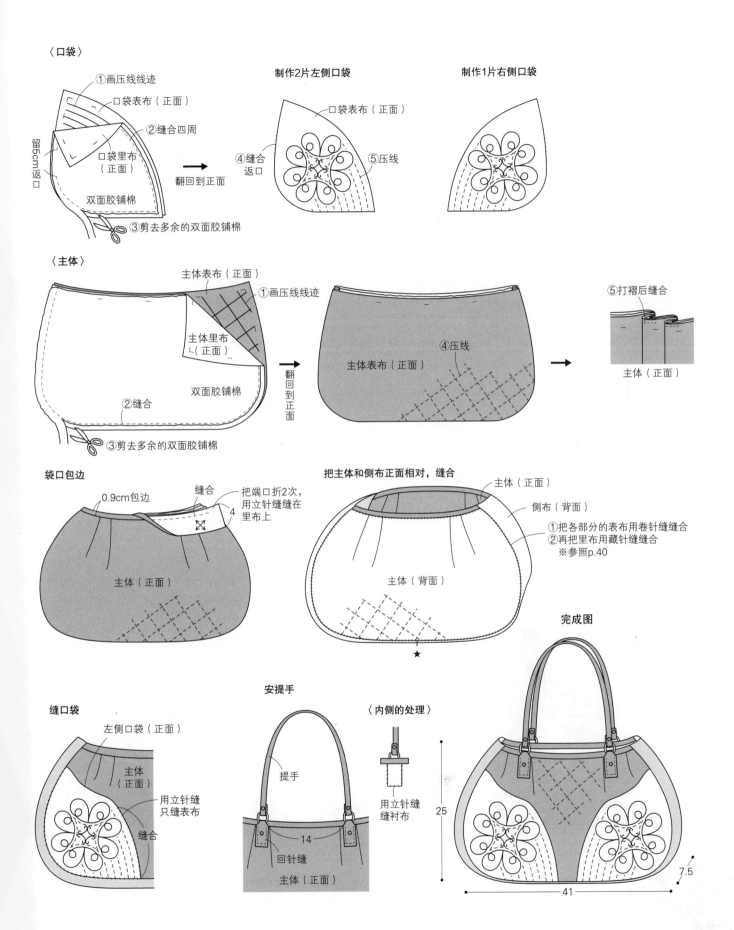

〈口袋〉

①画压线线迹
口袋表布（正面）
②缝合四周
口袋里布（正面）
留5cm,返口
双面胶铺棉
③剪去多余的双面胶铺棉
翻回到正面

制作2片左侧口袋
口袋表布（正面）
④缝合返口
⑤压线

制作1片右侧口袋

〈主体〉

主体表布（正面）
①画压线线迹
主体里布（正面）
双面胶铺棉
②缝合
③剪去多余的双面胶铺棉
翻回到正面

主体表布（正面）
④压线

⑤打褶后缝合
主体（正面）

袋口包边

0.9cm包边
缝合
把端口折2次，用立针缝缝在里布上
4
主体（正面）

把主体和侧布正面相对，缝合

主体（正面）
侧布（背面）
①把各部分的表布用卷针缝缝合
②再把里布用藏针缝缝合
※参照p.40
主体（背面）
★

完成图

缝口袋

左侧口袋（正面）
主体（正面）
用立针缝只缝表布
缝合

安提手

提手
14
回针缝
主体（正面）

〈内侧的处理〉

用立针缝缝衬布

25
7.5
41

15 黑白拼布手拎包　→ p.19　实物大纸型C面

❀ 材料

拼接用布…使用碎布
侧布、口袋…黑色先染布85cm×35cm
里布(含衬布)、双面胶铺棉…各110cm×50cm
提手…1组
25号绣线…各色适量

❀ 制作方法

1　拼接、刺绣，完成主体表布的制作。口袋表布做刺绣。
2　在1和侧布表布上分别叠放里布和双面胶铺棉，缝合四周。
3　翻回到正面，进行压线。
4　把主体和侧布正面相对进行缝合。
5　在主体上缝口袋。
6　安提手。

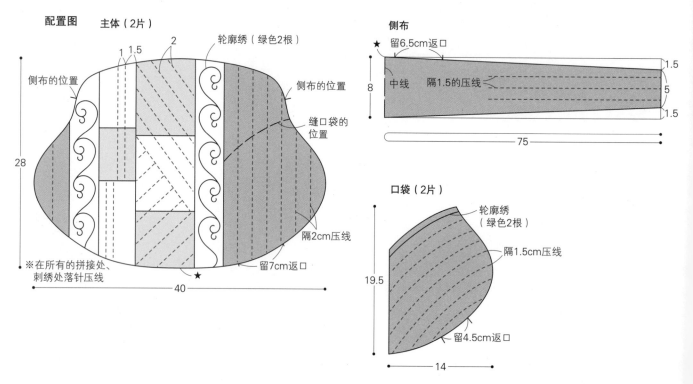

配置图　主体（2片）

1　1.5
2
轮廓绣（绿色2根）
侧布的位置
侧布的位置
缝口袋的位置
隔2cm压线
留7cm返口
28
40
※在所有的拼接处、刺绣处落针压线

侧布
★留6.5cm返口
1.5
5
1.5
中线　隔1.5的压线
8
75

口袋（2片）
轮廓绣（绿色2根）
隔1.5cm压线
19.5
留4.5cm返口
14

〈拼接的方法〉

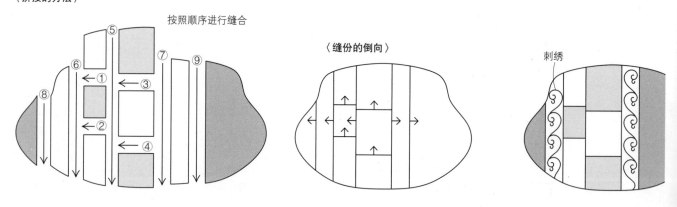

按照顺序进行缝合
⑤
⑥　①
②
⑧
⑦
④
③
⑨

〈缝份的倒向〉

刺绣

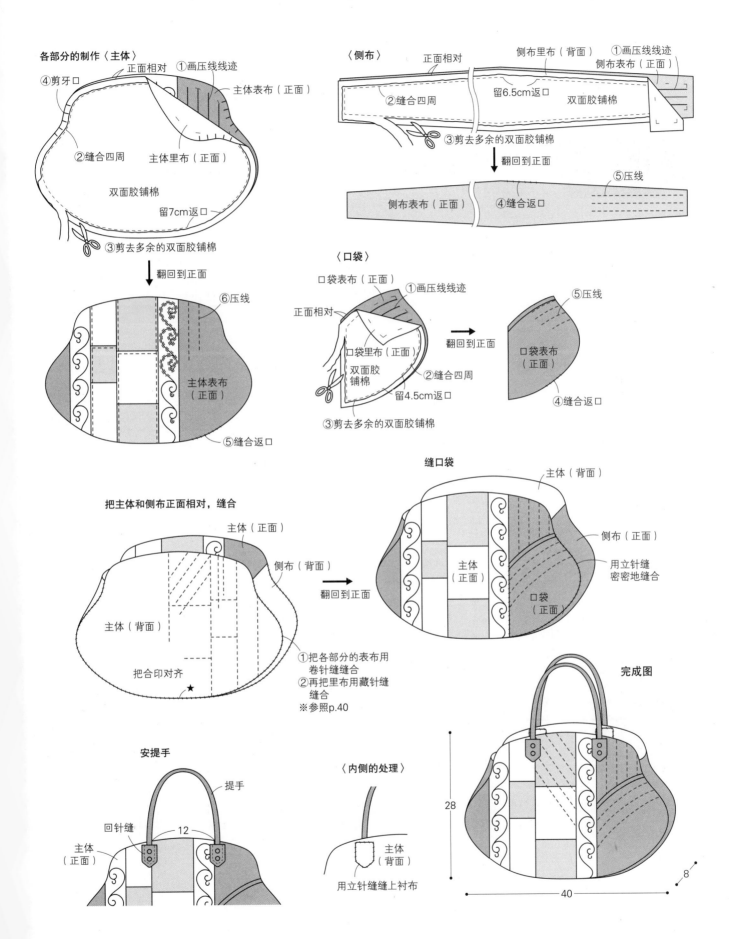

各部分的制作〈主体〉

④剪牙口　　正面相对　①画压线线迹
　　　　　　　　　　　主体表布（正面）
②缝合四周　主体里布（正面）
双面胶铺棉
留7cm返口
③剪去多余的双面胶铺棉
翻回到正面
⑥压线
主体表布
（正面）
⑤缝合返口

〈侧布〉
正面相对　　侧布里布（背面）　①画压线线迹
　　　　　　　　　　　　　　侧布表布（正面）
②缝合四周　留6.5cm返口　双面胶铺棉
③剪去多余的双面胶铺棉
翻回到正面
⑤压线
侧布表布（正面）　④缝合返口

〈口袋〉
口袋表布（正面）　①画压线线迹
正面相对
口袋里布（正面）
双面胶铺棉
②缝合四周
留4.5cm返口
③剪去多余的双面胶铺棉
翻回到正面
⑤压线
口袋表布（正面）
④缝合返口

把主体和侧布正面相对，缝合
主体（正面）
侧布（背面）
主体（背面）
把合印对齐
①把各部分的表布用卷针缝缝合
②再把里布用藏针缝缝合
※参照p.40

缝口袋
主体（背面）
侧布（正面）
主体（正面）
用立针缝密密地缝合
口袋（正面）
翻回到正面

完成图

安提手
提手
回针缝
主体（正面）
12

〈内侧的处理〉
主体（背面）
用立针缝缝上衬布

28
40
8

16 经典波士顿包 → p. 20 实物大纸型C面

❀ 材料

拼接用布（含底布、侧口袋、包盖）…使用碎布
侧布、口布…茶色水玉布100cm×20cm
里布、双面胶铺棉…各100cm×65cm
包边布（斜裁）2种…各4cm×80cm
30cm、15cm长的拉链…各1根
铆钉提手…1组
25号绣线…各色适量

❀ 制作方法

1 缝制主体表布、侧口袋表布，拼接制作包盖表布。

2 在1、侧布表布、口布表布上分别叠放里布、双面胶铺棉，缝合指定的部分。

3 翻回到正面，进行压线。

4 给包盖安上拉链，与后侧布叠放，包边。

5 给口布安上拉链，与主体背面相对缝合，然后包边。

6 把主体和侧布正面相对缝合，在侧布上缝上口袋。

7 缝上包盖和提手。

配置图　主体（2片）

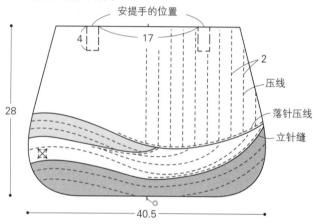

安提手的位置
4　17
2
压线
落针压线
立针缝
28
40.5

侧布

留6cm返口　压线　缝侧口袋的位置
10　中线
17
1　2　8　1
20.5　15.5
91

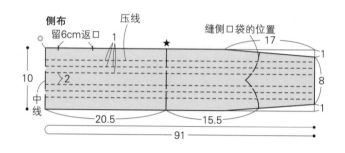

侧口袋（2片）

袋口　压线
立针缝
落针压线
15.5　2.5
留5cm返口
10

口布（2片）

隔1cm压线
3.5
31.5

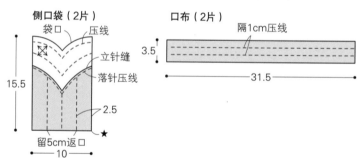

包盖（后侧布为1片布）

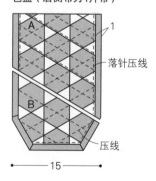

A
1
落针压线
B
压线
15

〈拼接的方法〉

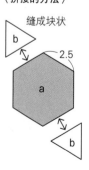

缝成块状
b
2.5
a
b

按照①~⑤的顺序缝合

④　③　⑤
b
a
b　①　②

A块

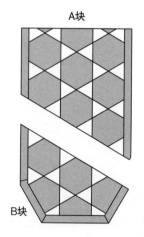

B块

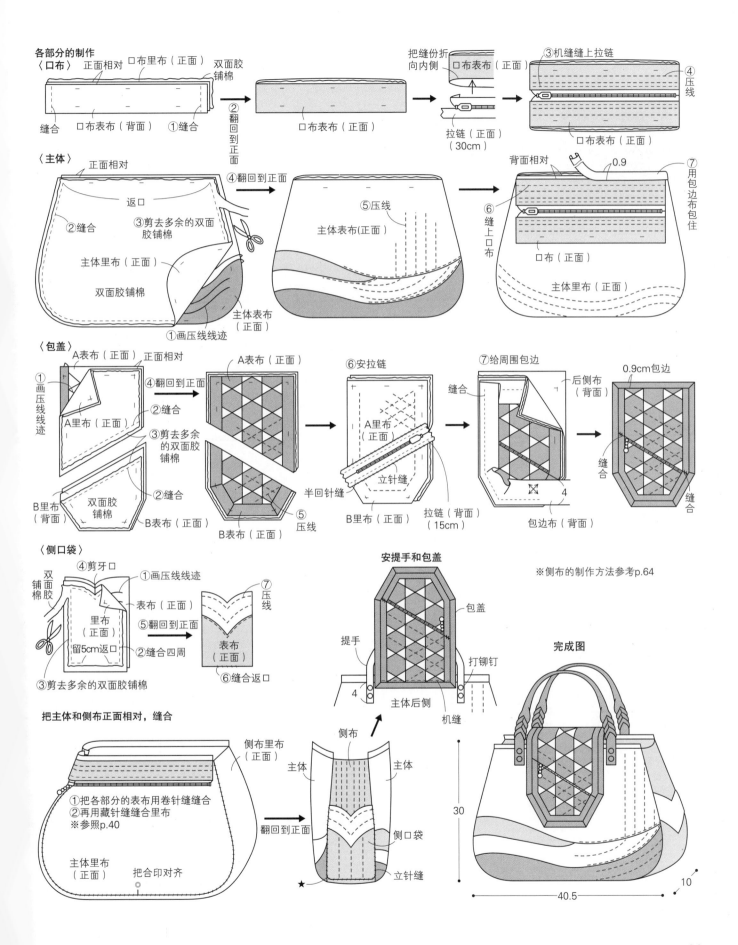

各部分的制作

〈口布〉

正面相对　口布里布（正面）　双面胶铺棉

缝合　口布表布（背面）　①缝合

②翻回到正面

口布表布（正面）

把缝份折向内侧　口布表布（正面）

③机缝缝上拉链

④压线

拉链（正面）（30cm）

口布表布（正面）

〈主体〉

正面相对

返口

②缝合

主体里布（正面）

双面胶铺棉

③剪去多余的双面胶铺棉

主体表布（正面）

①画压线线迹

④翻回到正面

⑤压线

主体表布(正面)

背面相对　0.9

⑥缝上口布

口布（正面）

⑦用包边布包住

主体里布（正面）

〈包盖〉

A表布（正面）　正面相对

①画压线线迹

A里布（正面）

②缝合

③剪去多余的双面胶铺棉

B里布（背面）

双面胶铺棉

②缝合

B表布（正面）

④翻回到正面

A表布（正面）

⑤压线

B表布（正面）

⑥安拉链

A里布（正面）

半回针缝

立针缝

B里布（正面）

拉链（背面）（15cm）

⑦给周围包边

缝合

后侧布（背面）

4

包边布（背面）

0.9cm包边

后侧布（背面）

缝合

缝合

〈侧口袋〉

④剪牙口

①画压线线迹

双面铺棉胶

里布（正面）

留5cm返口

③剪去多余的双面胶铺棉

②缝合四周

⑤翻回到正面

表布（正面）

⑥缝合返口

表布（正面）

⑦压线

安提手和包盖

提手

4

包盖

主体后侧

打铆钉

机缝

※侧布的制作方法参考p.64

完成图

把主体和侧布正面相对，缝合

侧布里布（正面）

①把各部分的表布用卷针缝缝合
②再用藏针缝缝合里布
※参照p.40

主体里布（正面）

把合印对齐

侧布

主体

主体

侧口袋

立针缝

翻回到正面

★

30

40.5

10

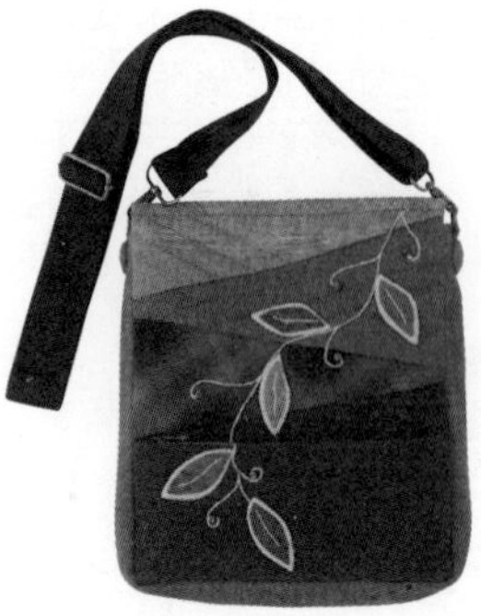

17 叶子图案斜挎包 →p. 22 实物大纸型C面

✿ 材料

拼接、贴缝用布…茶色先染布（包含侧布、耳布、包扣布）100cm×25cm、使用碎布
里布、双面胶铺棉…各100cm×40cm
包边（斜裁）…4cm×60cm
20cm拉链…2根
包带…1根（宽4cm茶色包带150cm，内径4cm龙虾扣2个，内径宽4cm日字扣1个）
内径1.5cm圆环…2个
直径2.4cm包扣坯…2个
直径1.4cm磁扣…1组
木制扣子…9个
29号绣线…各色适量

✿ 制作方法

1 拼接、贴缝、刺绣，完成前片表布及前、后口袋表布的制作。
2 在**1**、侧布表布、后片表布上分别叠放里布和双面胶铺棉，缝合指定的部分。
3 翻回到正面，进行压线。
4 给前口袋和前片安拉链。给前、后片的袋口包边。
5 把前、后片与侧布正面相对进行缝合，袋口安拉链。
6 缝上耳布和包带。

配置图

前片

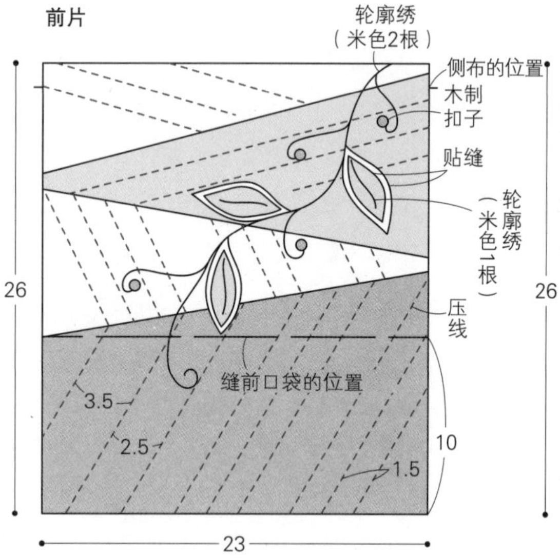

后片

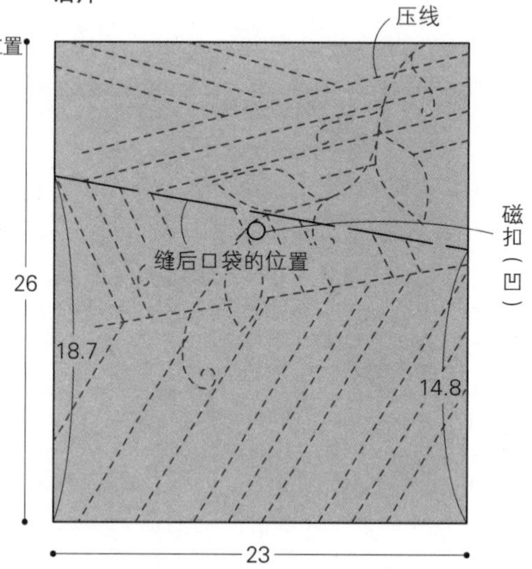

※在所有的贴缝处、刺绣处落针压线

侧布

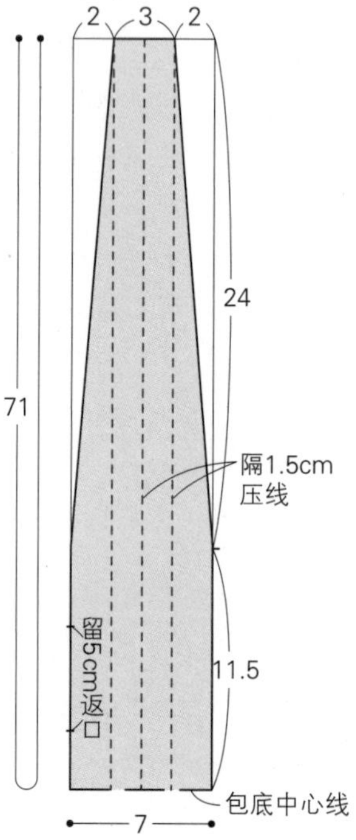

※侧布的制作方法参照p.64

前口袋

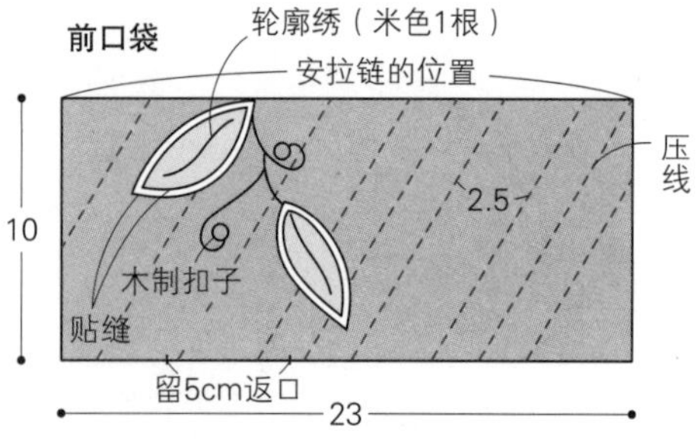

后口袋

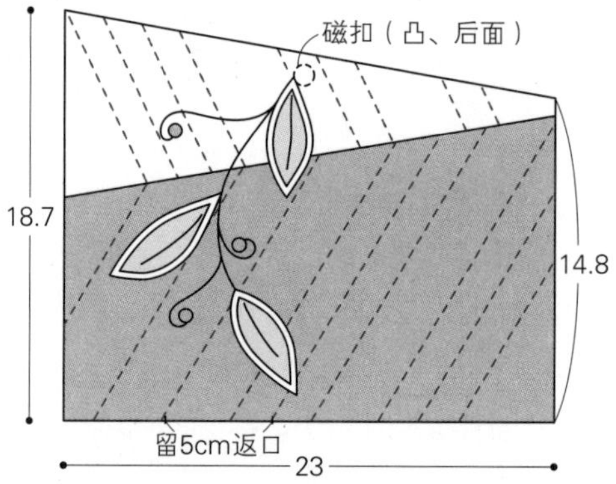

耳布（2片）

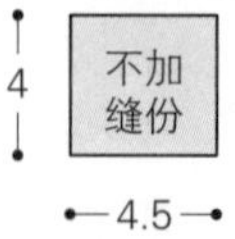

包扣布（2片）

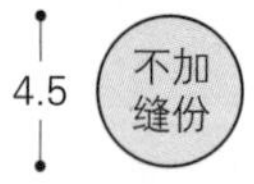

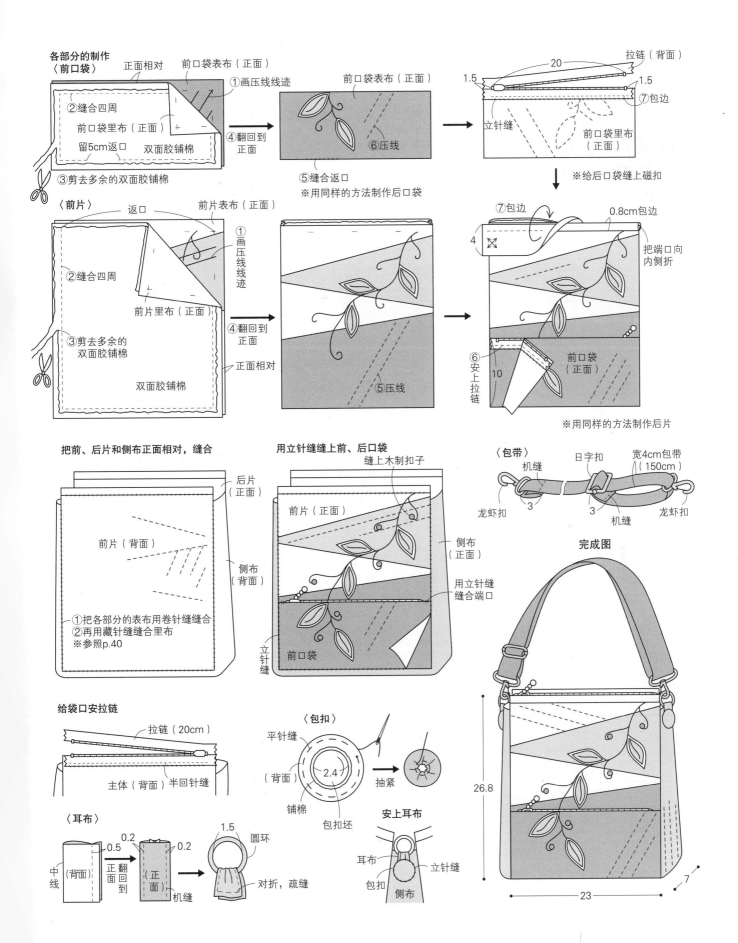

各部分的制作

〈前口袋〉

正面相对　前口袋表布（正面）
①画压线线迹
②缝合四周
前口袋里布（正面）
留5cm返口
双面胶铺棉
③剪去多余的双面胶铺棉
④翻回到正面

前口袋表布（正面）
⑥压线
⑤缝合返口
※用同样的方法制作后口袋

拉链（背面）
20
1.5　　1.5
立针缝　⑦包边
前口袋里布（正面）
※给后口袋缝上磁扣

〈前片〉

返口　前片表布（正面）
②缝合四周
①画压线线迹
前片里布（正面）
③剪去多余的双面胶铺棉
正面相对
双面胶铺棉
④翻回到正面
正面相对
⑤压线

⑥安上拉链

⑦包边　0.8cm包边
4
把端口向内侧折
⑥安上拉链
10
前口袋（正面）
※用同样的方法制作后片

把前、后片和侧布正面相对，缝合

后片（正面）
前片（背面）
侧布（背面）
①把各部分的表布用卷针缝缝合
②再用藏针缝缝合里布
※参照p.40

用立针缝缝上前、后口袋

缝上木制扣子
前片（正面）
侧布（正面）
用立针缝缝合端口
立针缝
前口袋

〈包带〉

机缝　日字扣　宽4cm包带（150cm）
3
龙虾扣　3　龙虾扣
机缝

完成图

给袋口安拉链

拉链（20cm）
主体（背面）半回针缝

〈包扣〉

平针缝
（背面）
2.4
铺棉
包扣坯
抽紧

安上耳布

耳布
包扣
侧布
立针缝

〈耳布〉

中线　（背面）
0.5
0.2　0.2
正面　翻回到
（正面）
机缝
1.5
圆环
对折，疏缝

26.8
23
7

19 绽放的紫罗兰双肩包 → p.24 实物大纸型D面

✿ 材料

拼接、贴缝用布…使用碎布
主体…先染布（含口袋）100cm×40cm
里布（含衬布）、双面胶铺棉…各100cm×40cm
包边布（斜裁）…4cm×80cm、3.5cm×70cm
30cm拉链…1根
直径1.8cm暗扣…1组
带皮衬的双肩包带…1组（黑色包带3cm×220cm，提手1.5cm×25cm，内径3cm日字扣2个，内径3cm口字扣2个，皮衬适量）
25号绣线…各色适量

✿ 制作方法

1 拼接、贴缝、刺绣，完成包盖表布的制作。
2 在1、前后片表布、口袋表布上分别叠放里布和双面胶铺棉，缝合指定的部分。
3 翻回到正面，进行压线。
4 给包盖的上部包边。
5 前片安拉链，然后打褶。
6 把前、后片正面相对，把双肩包带夹在中间缝合，给袋口包边。
7 后片缝上口袋、包盖、双肩包带。

配置图

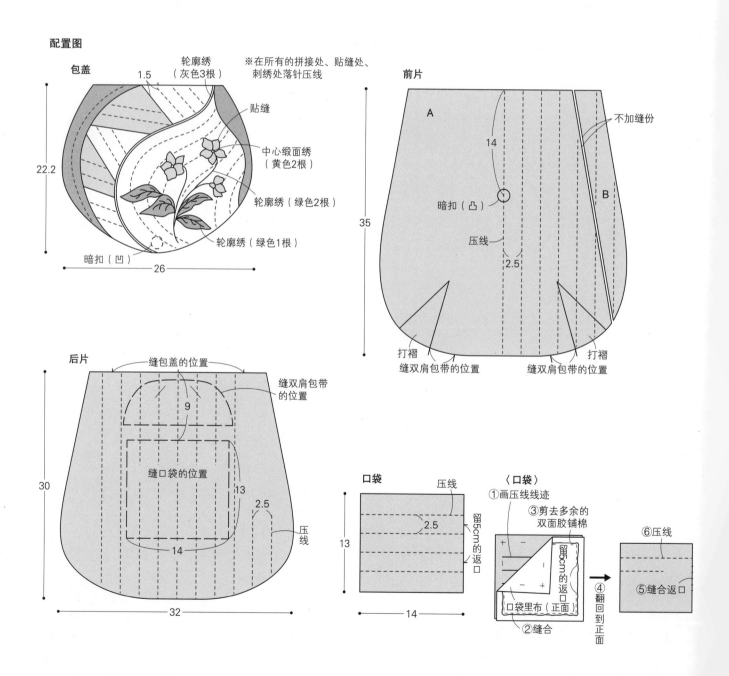

各部分的制作

〈包盖〉

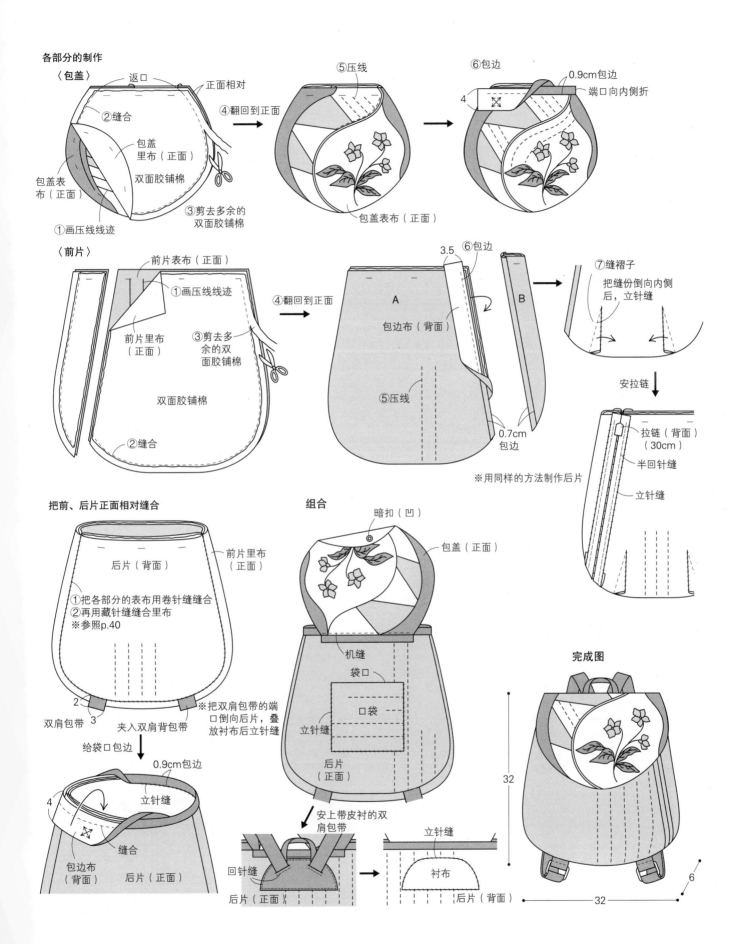

返口
②缝合
正面相对
包盖里布（正面）
双面胶铺棉
包盖表布（正面）
①画压线线迹
③剪去多余的双面胶铺棉

⑤压线
④翻回到正面
包盖表布（正面）

⑥包边
0.9cm包边
端口向内侧折
4

〈前片〉

前片表布（正面）
①画压线线迹
前片里布（正面）
③剪去多余的双面胶铺棉
双面胶铺棉
②缝合

④翻回到正面

3.5
⑥包边
A
包边布（背面）
⑤压线
0.7cm包边

B

⑦缝褶子
把缝份倒向内侧后，立针缝

安拉链

拉链（背面）（30cm）
半回针缝
立针缝

※用同样的方法制作后片

把前、后片正面相对缝合

后片（背面）
前片里布（正面）
①把各部分的表布用卷针缝缝合
②再用藏针缝缝合里布
※参照p.40

2
双肩包带
3
夹入双肩背包带

给袋口包边

0.9cm包边
立针缝
4
缝合
包边布（背面）
后片（正面）

组合

暗扣（凹）
包盖（正面）
机缝
袋口
口袋
立针缝
后片（正面）
※把双肩包带的端口倒向后片，叠放衬布后立针缝

安上带皮衬的双肩包带

回针缝
后片（正面）
立针缝
衬布
后片（背面）

完成图

32
32
6

20 向日葵手拎包　→ p.26　实物大纸型D面

✿ 材料

拼接、贴缝用布…绿色先染布 110cm×50cm（包含包底、贴边布、耳布、安提手的布、包扣用布）、使用碎布

里布（包含衬布）、双面胶铺棉…各75cm×65cm

直径2.4cm包扣坯…2个

内径1.3cmD环…2个

内径1.5cm圆环…2个

提手…1组

用于处理缝份的包边布（斜裁）…4.5cm×35cm

灯芯线、25号绣线…各色各适量

✿ 制作方法

1 拼接、贴缝、刺绣，完成主体表布的制作，然后与包底缝合。

2 给1叠放缝好的带贴边的里布和双面胶铺棉，缝合四周。

3 翻回到正面，进行压线。

4 把3正面相对，缝合侧边，缝抓角。

5 安提手。

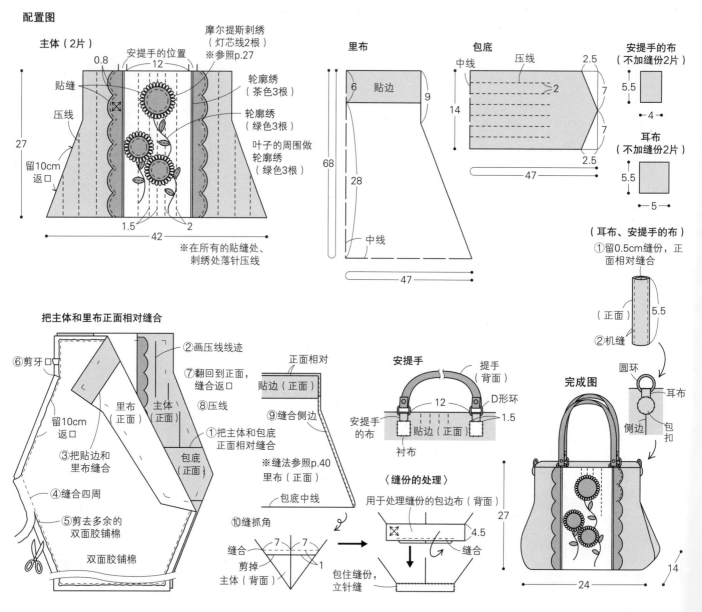

23 花形长款小包 → p.30 实物大纸型D面

✿ 材料

底布、口袋…米色水玉布30cm×45cm
贴缝用布…使用碎布
里布、双面胶铺棉…各30cm×45cm
直径1.4cm磁扣…1组
25号绣线…各色适量

✿ 制作方法

1 在底布上贴缝和刺绣,完成主体表布的制作。
2 在1和口袋表布上分别叠放里布和双面胶铺棉,缝合四周。
3 翻回到正面进行压线。
4 把主体和口袋正面相对,缝合侧边和包底。
5 缝上磁扣。

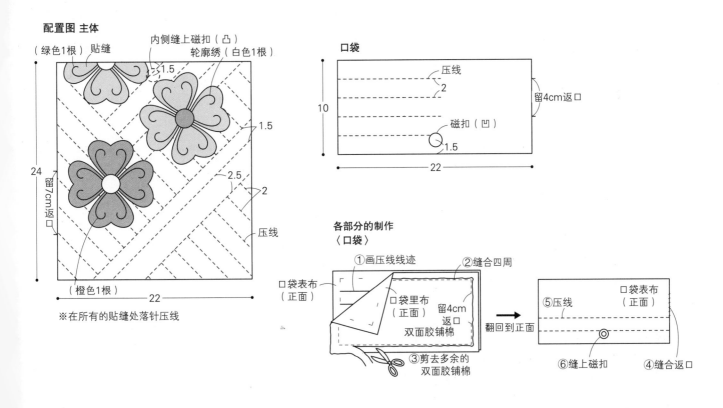

配置图 主体

（绿色1根）贴缝
内侧缝上磁扣（凸）
轮廓绣（白色1根）
1.5
1.5
24
留7cm返口
2.5
2
压线
（橙色1根）
22
※在所有的贴缝处落针压线

口袋
压线
2
10
留4cm返口
磁扣（凹）
1.5
22

各部分的制作
〈口袋〉
①画压线线迹
②缝合四周
口袋表布（正面）
口袋里布（正面）
留4cm返口
双面胶铺棉
③剪去多余的双面胶铺棉
翻回到正面
⑤压线
口袋表布（正面）
⑥缝上磁扣
④缝合返口

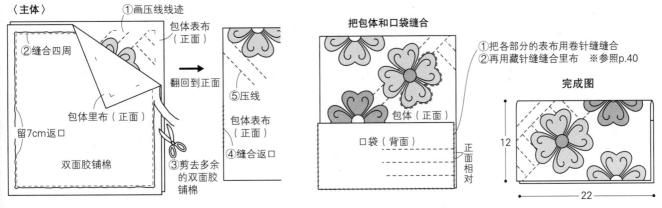

〈主体〉
①画压线线迹
包体表布（正面）
②缝合四周
包体里布（正面）
留7cm返口
双面胶铺棉
③剪去多余的双面胶铺棉
翻回到正面
⑤压线
包体表布（正面）
④缝合返口

把包体和口袋缝合
①把各部分的表布用卷针缝缝合
②再用藏针缝缝合里布 ※参照p.40
包体（正面）
口袋（背面）
正面相对

完成图
12
22

21 玫瑰图案斜挎包　→ p.28　实物大纸型D面

✳ 材料

底布…茶色格子布70cm×25cm、灰色格子布（包含
包扣用布）20cm×25cm
贴缝用布、耳布…使用碎布
口袋…橙色格子布40cm×20cm
里布（包含衬布）、双面胶铺棉…各110cm×25cm
15cm拉链…1根
直径1.8cm包扣坯…2个
内径1.5cm圆环…2个
搭扣…1组
斜挎背带…1组
25号绣线…各色适量

✳ 制作方法

1 制作2片主体表布。贴缝、刺绣，完成口袋表布的
制作。
2 给1分别叠放里布和双面胶铺棉，缝合四周。
3 翻回到正面，进行压线。
4 在前片上缝搭扣，把2片主体正面相对，缝合侧边
和包底。
5 口袋也用与主体相同的方法进行缝制。
6 在主体上安拉链。
7 在前片上缝口袋。
8 缝上斜挎背带。

配置图　　主体（2片）

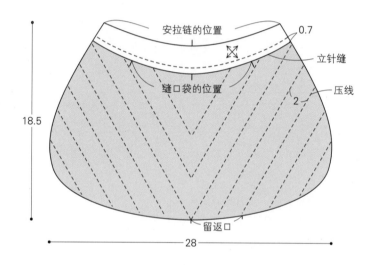

口袋（2片）
※后片为1片布

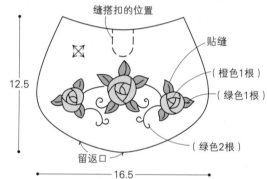

※所有的刺绣都用
轮廓绣来绣

※在所有的贴缝处、刺绣处落针压线

耳布（2片）

包扣（2片）

〈玫瑰的制作方法〉

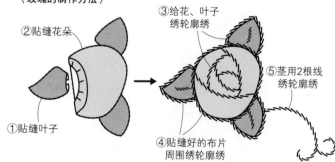

各部分的制作
〈主体〉

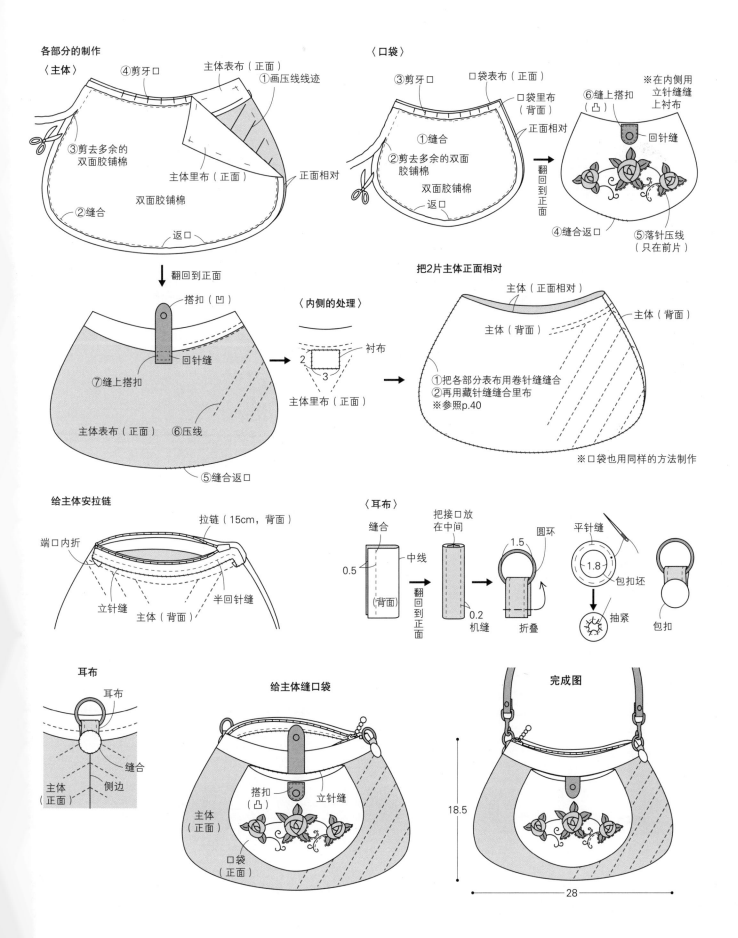

④剪牙口
主体表布（正面）
①画压线线迹
③剪去多余的双面胶铺棉
主体里布（正面）
正面相对
②缝合
双面胶铺棉
返口

翻回到正面

搭扣（凹）
回针缝
⑦缝上搭扣
主体表布（正面）
⑥压线
主体里布（正面）
⑤缝合返口

〈内侧的处理〉
2
3
衬布
主体里布（正面）

〈口袋〉
③剪牙口
口袋表布（正面）
口袋里布（背面）
正面相对
①缝合
②剪去多余的双面胶铺棉
双面胶铺棉
返口
翻回到正面
⑥缝上搭扣（凸）
※在内侧用立针缝缝上衬布
回针缝
④缝合返口
⑤落针压线（只在前片）

把2片主体正面相对
主体（正面相对）
主体（背面）
主体（背面）
①把各部分表布用卷针缝缝合
②再用藏针缝缝合里布
※参照p.40
※口袋也用同样的方法制作

给主体安拉链
拉链（15cm，背面）
端口内折
立针缝
主体（背面）
半回针缝

〈耳布〉
缝合
0.5
中线
（背面）
翻回到正面
把接口放在中间
0.2
机缝
折叠
1.5
圆环
平针缝
1.8
包扣坯
抽紧
包扣

耳布
耳布
缝合
主体（正面）
侧边

给主体缝口袋
搭扣（凸）
立针缝
主体（正面）
口袋（正面）

完成图
18.5
28

24 大波斯菊单肩背包 → p.31 实物大纸型D面

✿ 材料

主体···茶色水玉布70cm×35cm
口袋···茶色格子布（包含耳布、包扣）40cm×30cm
贴缝用布···使用碎布
侧布···米色格子布70cm×10cm
里布、双面胶铺棉···各100cm×40cm
30cm拉链···1根
直径2.4cm包扣坯···2个
内径1.5cm圆环···2个
直径1.4cm磁扣···1个
包边布（斜裁）···4cm×80cm
包带···1组
25号绣线···各色适量

✿ 制作方法

1 在底布上贴缝、刺绣，制作2片主体表布、口袋表布。
2 给1和侧布分别叠放双面胶铺棉和里布，缝合指定的部分。
3 翻回到正面，进行压线。
4 主体的上部包边后安拉链。
5 把主体和侧布正面相对缝合。
6 缝上口袋。
7 缝上包带。

配置图

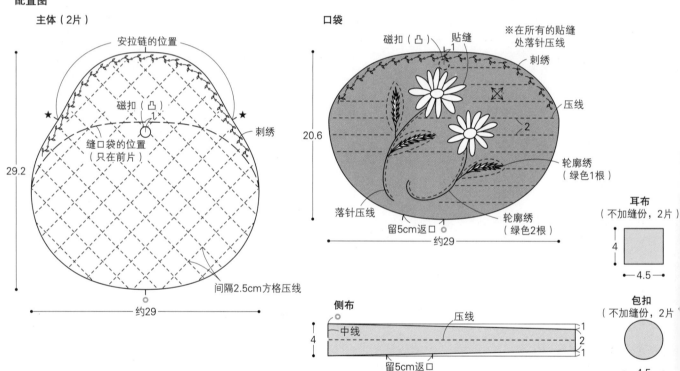

主体（2片）

安拉链的位置
磁扣（凸）
缝口袋的位置（只在前片）
刺绣
29.2
间隔2.5cm方格压线
约29

口袋

磁扣（凸） 贴缝
※在所有的贴缝处落针压线
刺绣
压线
20.6
轮廓绣（绿色1根）
落针压线
留5cm返口
轮廓绣（绿色2根）
约29

耳布（不加缝份，2片）
4
4.5

侧布
中线
压线
4
留5cm返口
62

包扣（不加缝份，2片）
4.5

〈刺绣〉

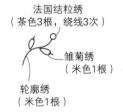

法国结粒绣（茶色3根，绕线3次）
雏菊绣（米色1根）
轮廓绣（米色1根）

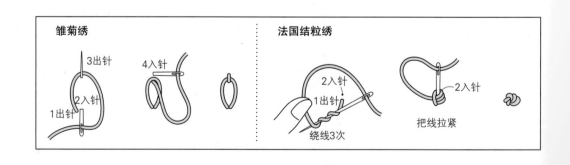

雏菊绣	法国结粒绣
3出针 4入针 2入针 1出针	2入针 1出针 绕线3次 2入针 把线拉紧

各部分的制作 〈口袋〉

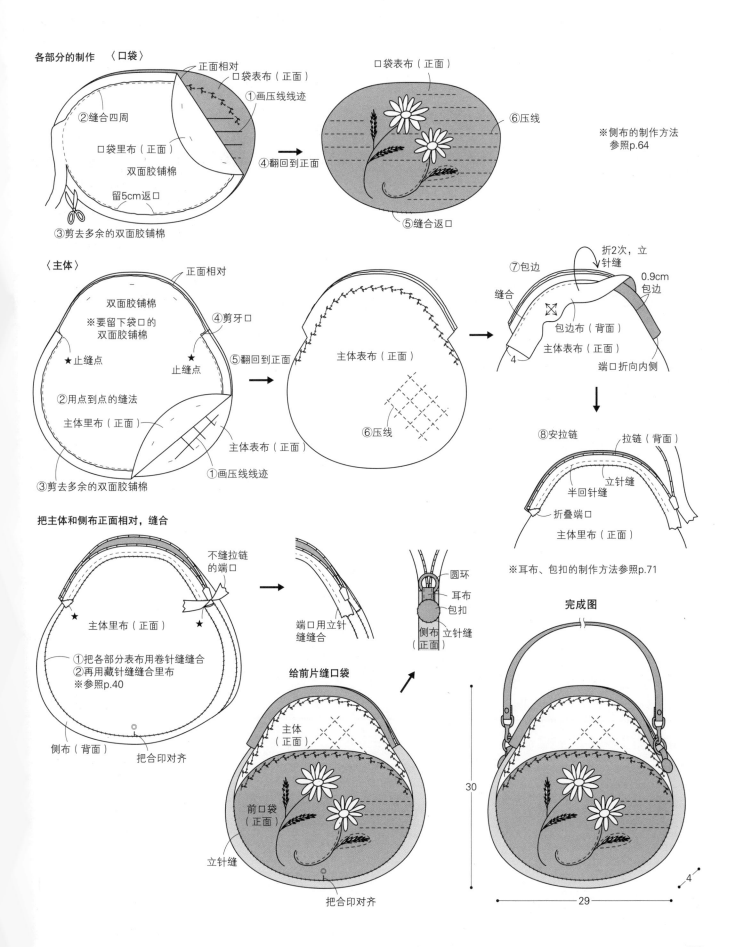

正面相对
口袋表布（正面）
①画压线线迹
②缝合四周
口袋里布（正面）
双面胶铺棉
留5cm返口
③剪去多余的双面胶铺棉
④翻回到正面

口袋表布（正面）
⑥压线
⑤缝合返口

※侧布的制作方法
参照p.64

〈主体〉

双面胶铺棉
※要留下袋口的
双面胶铺棉
★止缝点
②用点到点的缝法
主体里布（正面）
③剪去多余的双面胶铺棉

正面相对
④剪牙口
止缝点
⑤翻回到正面
主体表布（正面）
①画压线线迹

主体表布（正面）
⑥压线

⑦包边
缝合
折2次，立针缝
0.9cm包边
包边布（背面）
主体表布（正面）
端口折向内侧
4

⑧安拉链
拉链（背面）
立针缝
半回针缝
折叠端口
主体里布（正面）

把主体和侧布正面相对，缝合

主体里布（正面）
①把各部分表布用卷针缝缝合
②再用藏针缝缝合里布
※参照p.40
侧布（背面）
把合印对齐

不缝拉链的端口
★
端口用立针缝缝合

圆环
耳布
包扣
侧布（正面）
立针缝

※耳布、包扣的制作方法参照p.71

完成图

给前片缝口袋

主体（正面）
前口袋（正面）
立针缝
把合印对齐

30
29
4

79

秋田景子

日本手艺普及协会手缝指导员、机缝指导员。主办教室兼拼布店铺"BUPI俱乐部"。多次获得比赛大奖。著作有《秋田景子的雅致手作》。

http://www.bupi-k.com/

图书在版编目（CIP）数据

秋田景子的百变花样拼布包 /（日）秋田景子著；罗蓓译. —郑州：河南科学技术出版社，2020.7

ISBN 978-7-5349-9979-6

Ⅰ. ①秋… Ⅱ. ①秋… ②罗… Ⅲ. ①布艺品—制作 Ⅳ. ① TS973.51

中国版本图书馆 CIP 数据核字（2020）第 080498 号

出版发行：河南科学技术出版社

　　　　　地址：郑州市郑东新区祥盛街27号　　邮编：450016

　　　　　电话：（0371）65737028　　65788613

　　　　　网址：www.hnstp.cn

策划编辑：刘　欣

责任编辑：梁莹莹

责任校对：金兰苹

封面设计：张　伟

责任印制：张艳芳

印　　刷：北京盛通印刷股份有限公司

经　　销：全国新华书店

开　　本：889 mm×1194 mm　1/16　印张：7　字数：180 千字

版　　次：2020年7月第1版　　2020年7月第1次印刷

定　　价：69.00 元

如发现印、装质量问题，影响阅读，请与出版社联系并调换。